デジタル時代の恐竜学

河部壮一郎
Kawabe Soichiro

インターナショナル新書 138

はじめに

二〇〇七年の夏、ぼくは舞鶴《まいづる》港に立っていた。時計は既に夜の一一時半を回っていた。普段あまり見かけることのない巨大なフェリーが、船内から流れ出た明かりとともに静かに波立つ海面に浮かび、どこか幻想的な雰囲気を漂わせていた。こんな時間にもかかわらず、目の前に広がる暗闇の中で、船内は活気に満ちていた。機械音や船の揺れ、乗客たちの声が混ざり合い、船は巡航の準備を進めていた。この船の目的地は遠く、北海道の小樽《おたる》。約二〇時間の船路だ。

　この船旅はこれからはじまる調査の序章でしかない。小樽からはさらに車で北上し、山深い地を目指す。北海道北西部苫前《とままえ》郡の山奥、白亜紀の地層が広がる地域だ。山々に抱かれ、何もかもが静寂な場所だ。そこで数カ月にわたり、ハンマー片手に地質調査や化石の発掘を行う。初めての本格的な研究活動のはじまりを前に、舞鶴港でぼくは、何とも言えない高揚感と不安とが入り混じった気持ちでいた。

北海道に上陸してから、ぼくは毎日ヒグマが住まう山奥へと通い、沢をのぼりながら地層を丹念に調べ、またそこからどのような化石（特にアンモナイトや二枚貝）が見つかるのか調査した。夕方に山を下りる時には、リュックの中には十数キロを超える化石が詰まっている。地層の積み重なり方とそこから出てくる化石との対応関係を調べることは、一般の人から見れば地味で泥臭いもののように映るかもしれないが、化石研究の最も根幹をなす重要なものだ。そもそも化石が見つからないと、恐竜などの古生物の研究自体ができないし、その化石が見つかった地層のことがわからないと、その古生物がどのような環境で生き、死んだのかという情報を得られない。そのため、ぼくは最初の研究活動（つまり大学の卒業研究）では、このようなスタイルをとり、古生物研究のいろはを学ぼうと決めたのだった。

このようにぼくの研究活動の原点は非常にアナログ的だったが、今ではデジタル技術にどっぷりとつかった恐竜研究を行っている。あれからおよそ二〇年が経《た》った。この期間で、恐竜をはじめとした古生物の研究でデジタル技術がどれだけ重宝されるようになり、この分野にどのような変革をもたらしてきたのかをふと考える。古生物研究の醍醐味《だいごみ》は自身の手で、地層の中から誰も見たことのない化石を自分が初めて見つけ出すことだろうが、それだけで研究は終わらない。今や、古生物の研究ではデジタルの技術は不可避なのだ。

そもそも「デジタル」という言葉は、ラテン語の「digitus（指）」に由来し、連続的である情報を数値によって区切れば、それは「デジタル」化したと言える。例えば、ある化石の形をノギスで計測し、数値として表現し、さらに複数のサンプルのデータをグラフとして描写すればそれは「デジタル」的と言え、コンピューターを介することも必要としない。しかし、現代社会でぼくたちが認識している「デジタル」とは、もはや単に数値だけを示すようなものではないだろう。デジタルは、情報を離散的な数値で表現するというものだけでなく、我々の日常生活、ビジネス、文化において欠かせない要素となり、コンピューター技術、インターネット、電子デバイス、デジタルメディア、デジタルマーケティングなど、広範な分野にわたって使われている。

デジタル時代、それはぼくたちがまさに生きている時代。コンピューター技術の進歩と情報通信の急速な発展が、ぼくたちの日常生活や様々な分野に大きな変革をもたらしている。ここかしこで「デジタル」を感じることが多いが、それでも、古生物学、恐竜についての「デジタル」と言ってぴんとくる人は少ないだろう。

本書では、恐竜などの絶滅動物を研究しているぼくたち古生物学者が、デジタル技術を使ってどのような研究成果を生み出しているのかお見せしたいと思う。最初に探るのは、X線CTスキャナーを用いて福井県から見つかった恐竜化石を解析する研究だ。デジタル技術を用いることで、かつてはその様子を窺《うかが》い見ることが難しかった化石の内部構造を、より鮮明に浮かび上がらせ、新たな発見を生み出すことにつながっている（第一、二章）。続いて、フォトグラメトリと3Dプリンターを用いて、イギリスにある恐竜骨格を物理的に移動させることなく、福井という遠く離れた地で作製したプロジェクトについて紹介する（第三章）。第四章以降では、ニワトリや鳥類化石、アンモナイトやティラノサウルス、ペンギンモドキやパレオパラドキシアと呼ばれる日本から見つかる古生物などを研究題材とした、MRIやコンピューターシミュレーションといった様々な化石研究におけるデジタル技術を紹介する。デジタル技術によって、これらの古生物の姿をどのように明らかにできるようになってきたのか、そしてデジタル時代の中で恐竜学がどのように進化しているのか、その舞台裏に迫っていこう。

目次

第五章

原始的な鳥類「フクイプテリクス」

第六章

恐竜の「失われたクチバシ」を作り出す

本書は、集英社クオータリー『ｋｏｔｏｂａ』二〇二一年春号～二〇二三年夏号に連載された「デジタル時代の恐竜学」を加筆修正し、第七章から第九章を新たに書き下ろしたものです。

（参考）**地質時代の区分**

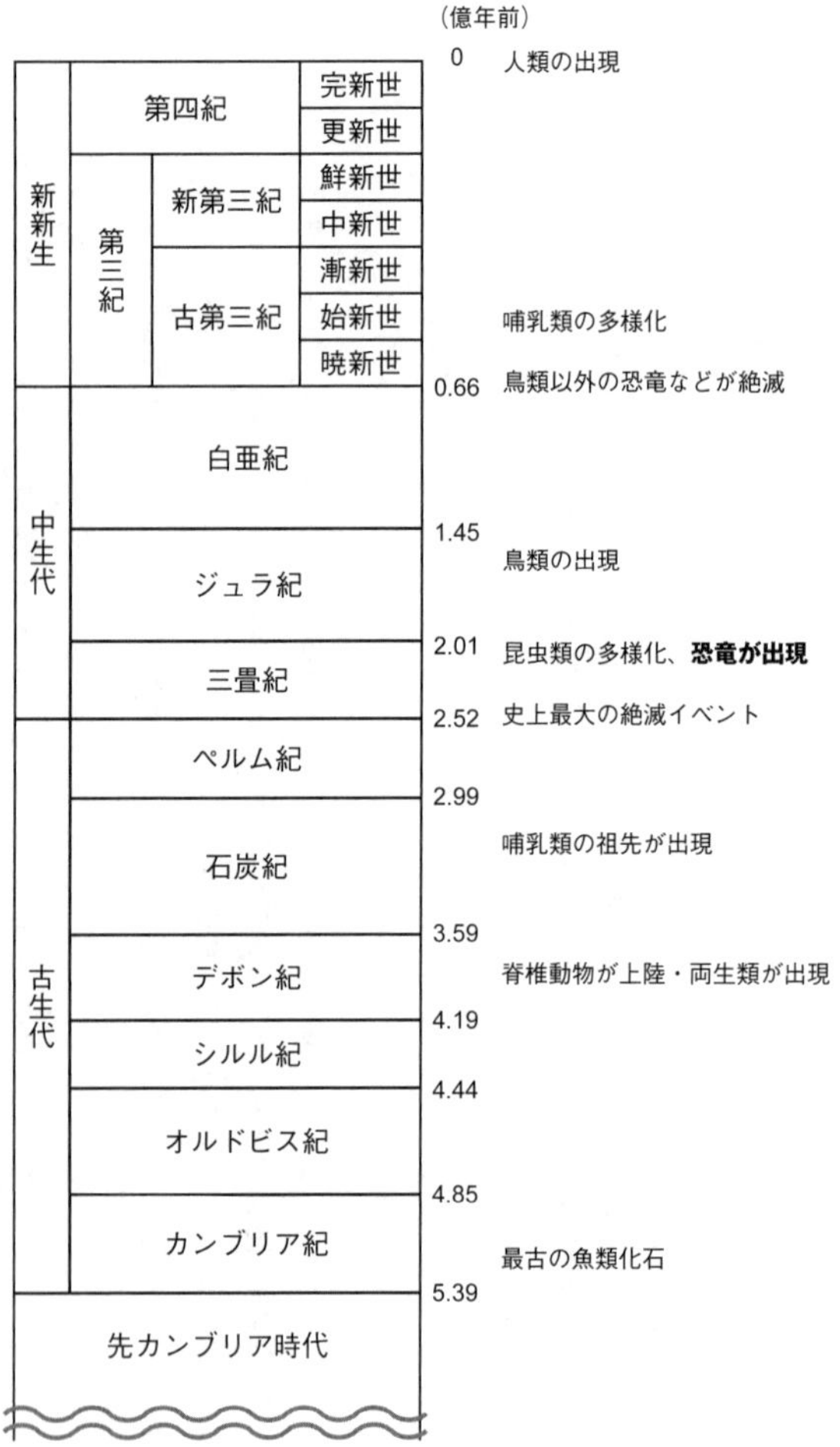
（億年前）
0
人類の出現
新生代
第四紀
完新世
更新世
第三紀
新第三紀
鮮新世
中新世
古第三紀
漸新世
始新世
哺乳類の多様化
暁新世
0.66
鳥類以外の恐竜などが絶滅
中生代
白亜紀
1.45
鳥類の出現
ジュラ紀
2.01
昆虫類の多様化、**恐竜が出現**
三畳紀
2.52
史上最大の絶滅イベント
古生代
ペルム紀
2.99
哺乳類の祖先が出現
石炭紀
3.59
脊椎動物が上陸・両生類が出現
デボン紀
4.19
シルル紀
4.44
オルドビス紀
4.85
カンブリア紀
最古の魚類化石
5.39
先カンブリア時代

第一章

奇妙な新種恐竜「フクイベナートル」との邂逅

福井県で見つかった新種

まず最初の話の主人公は、「フクイベナートル・パラドクサス」という恐竜だ（図1－1）。獣脚類《じゅうきゃく》という肉食恐竜に代表されるグループに属する恐竜で、生きていた頃にはその体は羽毛で覆われていたことだろう。鼻先から尻尾の先までおよそ二・五メートル、体重は二五キログラムほどと推定される。比較的小型の恐竜だ。この恐竜は肉食恐竜の仲間にもかかわらず雑食性だった。きっと一億二〇〇〇万年前のアジア大陸の太平洋沿岸をすばしこく駆け回っていたことだろう。

この恐竜が見つかったのは、その響きから察する通り福井県である。二〇〇七年夏に県北東部に位置する勝山市《かつやま》の山奥で発掘され、非常に保存状態がよく全身の約七割が見つかっている恐竜だ。日本という恐竜化石に乏しいところから、このような状態の恐竜化石が見つかることは驚異的と言える。

図1-1　フクイベナートルの復元図

この恐竜が正式に論文として報告され、学名が与えられるのは発見から約八年半後のことなのだが、その間に、この恐竜とぼくとの間に様々なことが起こった。

フクイベナートルとのニアミス

この恐竜、その発見から正式に命名されるまでの間は「ドロマエオサウルス類」と呼ばれていた。頭骨などに見られる特徴がドロマエオサウルス類に見られるものと似ているということで、しばらくそのように呼ばれていたのだ。ちなみに、その後のぼくたちの研究によってこの恐竜はドロマエオサウルス類ではないことがわかる。

この恐竜の骨が地表に現れた頃、ぼくは愛媛大学の四年生だった。その年の六月から七月にかけての一カ月、さらに九月から一〇月にかけての一カ月ほど卒業論文執筆に向けた地質調査のために北海道の山奥にいた。ひたすらアンモナイトの化石を探し、ハンマーを振っていた。その合間を縫うように、八月に一週間ほど福井に滞在していた。博物館学芸員資格を取得するのに必要な実習のためだった。この一週間ばかりの実習のうち、半日だけ勝山市の発掘現場に行き、実際に体験程度の発掘作業を行った（**写真1－1**）。日付を見返すと、ちょうど後にフクイベナートルと名付けられる恐竜化石が見つかった頃だ。まさか自分のいたすぐ近くで大発見がなされようとしていたことなど露知らず。人生最初のフクイベナートルとのニアミスだった。

CTスキャンとの出合い

北海道での地質調査を無事に終え、卒業論文も書き終えた。修士課程に進学するにあたり、恐竜に関する研究を行っていきたいと考えていたぼくは、どんな研究ができそうかいろいろと考え、国立科学博物館の真鍋真《まなべまこと》先生にも度々《たびたび》相談を持ちかけていた。ある時、真鍋先生が「飛ぶ鳥と飛ばない鳥で脳の形は違うのだろうか」という話題をふってくれた。鳥と恐竜は直接的には関係ないように見えるが、後で述べるように鳥と恐竜は無関係ではないのだ。当時のぼくは「これは面白そうだ」と思い、鳥の脳を研究しようと決心した。

ただこれまで生物の勉強をほとんどしてこなかったため、鳥の脳の研究を始めようにもハードルは高かった。そこで、当時愛媛大学医学部の教授であった松田正司《まつだせいじ》先生の研究室に頻繁にお邪魔して脳に関する基本的な知識から実験、研究手法などを学んだのだ。

写真1-1　2007年8月の福井県勝山市恐竜発掘現場の様子

ある日、ぼくはダチョウの生首を手に入れた。これをなんとかCTスキャンにかけて、脳の形を見てみたいと松田先生に相談したところ、放射線科の先生の協力によって実現することができた。さらに松田先生には、医学部で新しいCT装置のデモがあるから撮ってみたいものがあれば持っていってデータをとってみたらいいと言ってもらった。この時、大量のデータをとることができ（今思うと厚かましい限りだが）、この後のぼくの研究を大幅に進めることになった。これがぼくとCTスキャンとの出合いだった。このCTスキャンのデモがなければ、研究者になれていた自信はなく、全く違った人生を歩んでいただろうと思う。

CTスキャン中に地震が

その後ぼくは東京大学の博士課程に進学し、東京での日々を送ることとなった。東京大学総合研究博物館の遠藤秀紀《えんどうひでき》先生に師事し、現生《げんせい》動物の解剖学に関する研究を本格的に開始したのが二〇一〇年の春だ。東京での暮らしにもなんとなく慣れた頃、二〇一一年三月一一日は新宿にいた。当時は新宿区百人町《ひゃくにんちょう》に国立科学博物館分館があり、収蔵庫や研究所が集まっていた。ぼくを含め恐竜研究を目指す多くの諸先輩方も足繁く通っていた。この時ぼくはここで動物頭骨のCT撮影をしていた。当時のぼくはひたすら現在生きている動物の頭骨をCTスキャンし、その内部構造、特に脳に関する解析を行っていた。

その日は、犬種によって脳の形がどのように違うのか調べたいと思い、いくつかのイヌの頭骨のCT撮影をしていたのだが、震度五弱の大きな揺れに襲われていた時は、パグの頭骨の撮影中だった。揺れが始まった時はCT室の外にいたのだが、これはおおごとだ、CTスキャナーは大丈夫だろうか、と廊下そして階段を駆け上っている時に一番大きな揺れがきて、あまりの揺れの大きさに階段の踊り場で一歩も動けなくなった。この施設は踊り場ごとに、それぞれの研究部門の収蔵庫入り口があったのだが、薄暗い収蔵庫の奥から標本群が棚から落ち、ガラスが割れるものすごい音がしばらく続いた。たぶんそこは主に現生動物の液浸《えきしん》標本が保管されている収蔵庫だったのだろう。とても古い建物だったので、このまま建物ごと、恐竜や人骨化石、その他さまざまな標本ごと自分も埋もれてしまうのではないかという不安が一瞬頭をよぎったが、とりあえずCT撮影の状況が心配だった。揺れがおさまり、やっとCT室にたどり着くことができ、CTスキャナーと標本、そしてCTデータの無事を確認できたが、その直後にテレビから流れてきた津波の映像は今でも脳裏に焼き付いている。

二度目の二アミス

次の日は土曜日だったが、家にいても不安ばかりつのるので、大学に行った。というよりも、定期的に開催していた比較解剖学に関する有志のゼミがあったのだ。「骨《ほね》ゼミ」と呼ばれていたこのゼミは当時、東京大学医学部の犬塚《いぬづか》則久《のりひさ》先生が主宰されていた、ぼくらの世界では有名なゼミだった。

ここでは、脊椎動物の比較解剖学に関する洋書を皆で輪読し、適宜、犬塚先生がお持ちの骨格標本などを用いながら解説を行う形式だった。犬塚先生の知識に毎回圧倒された。このゼミで現生動物の解剖学に関するぼくの知見は大いに深められ、それは今のぼくの研究スタイルの根幹をなしている。さて、大地震の翌日にもかかわらず、ぼくと同様に数人の学生も骨ゼミに来ていた。やはり本郷《ほんごう》三丁目界隈《かいわい》のコンビニの食品棚は空《から》だった。それでも夕食を犬塚先生や仲間らと大学近くの食堂でなんとか味わうことができたが、原発の水素爆発に関するニュースがその食堂のテレビから流れていた。この日、ゼミでどのような内容について皆で話したのかはさっぱり覚えていない。

話がそれたが、その約一カ月後、東京タワーに行った。地震でタワーの先端が曲がっていた、そんな頃だ。福井県立恐竜博物館のコレクションを中心とした展示が行われていたのだ。会場としてはさほど大きいわけではないが、とても多くの、そして迫力ある恐竜標本がところせましと展示されていた。それこそ、大型獣脚類アクロカントサウルスの背骨の間をうまく避けるように、展示会場の梁《はり》が通っていた。そういった中に、「ドロマエオ

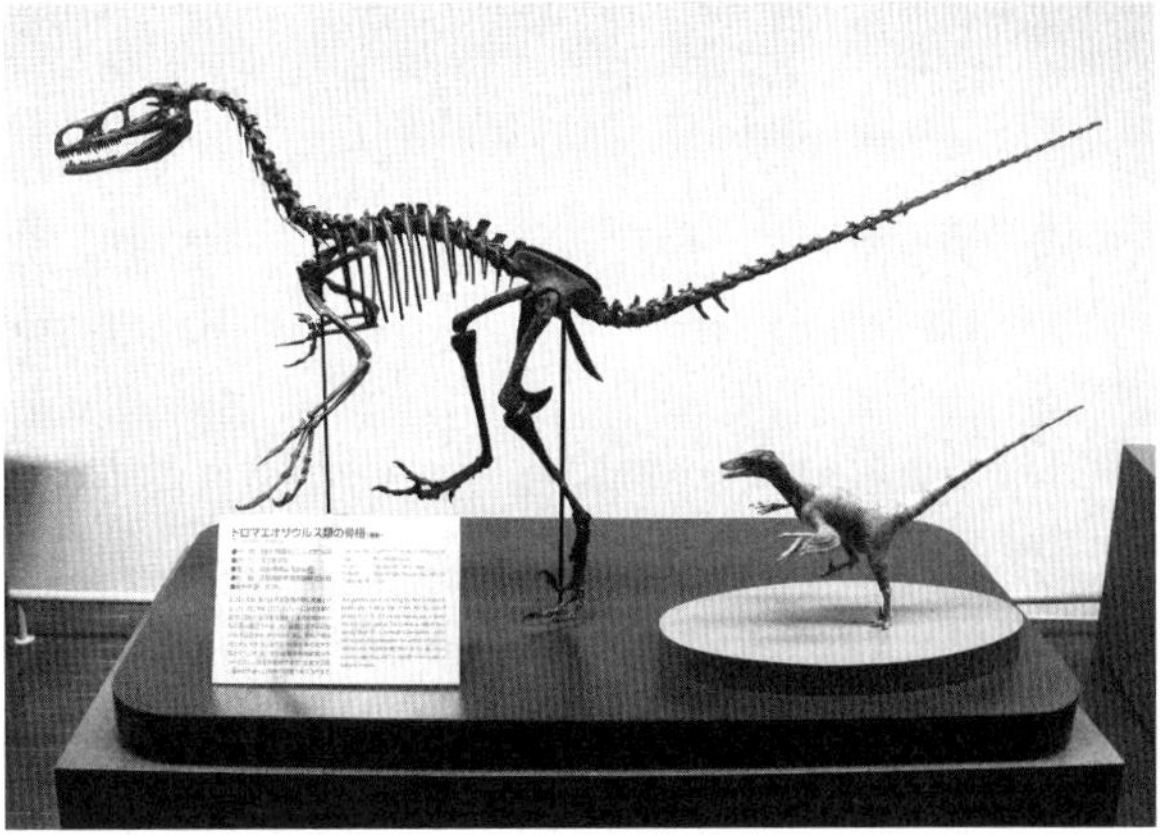

写真1-2　「ドロマエオサウルス類」として展示されていた頃のフクイベナートルの骨格

サウルス類」というキャプションとともに福井から見つかったという小型獣脚類の全身骨格も展示されていた。この原稿の執筆に際し、当時撮影した写真を改めて見直してみたが、福井県立恐竜博物館の展示にもかかわらず、この「ドロマエオサウルス類」を含め福井から見つかった恐竜の写真は一枚も撮っていないことに気づいた。天辺《てっぺん》の曲がった東京タワーの写真は撮っているにもかかわらず。当時、ぼくがいかに福井に思い入れがなかったか、というよりもそれに関する知識がなかったかがわかる。これが人生で二度目のフクイベナートルとのニアミスだ（**写真1－2**）。

鳥類の研究から恐竜の道へ

さらにその後、ぼくは現在生きている鳥類の脳形態に関する研究に没頭し（化石鳥類の脳についても研究したが）、無事に二〇一三年に博士号を取得することができた。化石、あるいは古生物と聞くと真っ先に恐竜をイメージする人は多いだろう。しかし、日本はそもそも恐竜化石が見つかりにくい場所で、化石・古生物を学問するという側面からは、少なくとも当時は恐竜という研究テーマはメジャーなものではなかった。また、大学で恐竜を体系立って学べるところは、この当時国内にはほとんどなかった。そのため、ぼくは直接恐竜化石を扱うような研究スタイルではなく、現在の動物の解剖学的知見をもとに恐竜などの生態を明らかにするような手法に興味を持ち、そういった研究をしていたのだ。鳥は恐竜の生き残りなので、鳥を研究すればいつか絶滅した恐竜のことも明らかにできるかなといった淡い気持ちはあった。しかしいざ鳥の研究を始めると、恐竜に関係しようがしまいがとても面白い。この気持ちは今でも変わっておらず、鳥でなくても他の動物でも面白いと思っている。今では、恐竜だとか恐竜じゃないだとか、そんなことはどうでもよいと感じていて、面白い研究がしたいという一心だ。

化石が産出する地層・手取層群

さて博士号を取得した直後の春からは、岐阜県博物館で学芸員として働きはじめた。二七歳の頃だ。福井県の恐竜化石が産出する手取層群《てとりそうぐん》という地層は、福井だけでなく岐阜や北陸地域に広く分布している。つまり、福井以外の手取層群からも恐竜化石が出てきてもおかしくないし、実際に恐竜化石が見つかっている。そのため、恐竜化石を発掘したいと思うなら、手取層群を調査するのは非常に重要なのだ。

そのため、ちょうどぼくが岐阜県博物館に就職する前の年から、岐阜県博物館と福井県立恐竜博物館は連携して岐阜県内の白亜紀の地層、つまり手取層群の調査を行っていたのだが（現在も継続中で、面白い発見が相次いでいる）、その調査の打ち合わせを兼ねて岐阜県博物館の先輩学芸員の久保貴志《くぼたかし》さんに引き連れられ、福井県立恐竜博物館に行った。なんとなく北陸の景色がもの悲しくなりはじめているような、初秋の頃だった。恐竜博物館に着き最初に通された部屋が、東洋一《あずまよういち》特別館長（当時。現在は福井県立大学名誉教授）の研究室だった。

CTスキャナーと恐竜研究

研究室で一通り岐阜県での今後の調査の可能性について話し合ったのち、CTスキャンの話題へ移っていった。既に少し触れたように、ぼくは大学院の頃からずっとCTスキャンを使った研究を行っていた。博士課程在籍中には、上野の国立科学博物館に頻繁に出入りし、地下の展示室の片隅にある工業用X線CTスキャナー（医療用CTよりも強力なX線を用いる）の扱い方の勉強もさせてもらい、このCTスキャナーを使って鳥類の化石標本の解析などを行っていた。この使い慣れたCTスキャナーと全く同じものが福井県立恐竜博物館にもあり、福井もこのCTスキャナーを用いた研究を推進していきたいと考えていた。そのため、いろいろな化石を今後もCTスキャンにかけていけば福井での恐竜研究がより発展していきますね、といった会話になっていった。

実はこのCTスキャナーが厄介なものなのだ。病院にあるようなCTだと、パソコンの画面に映し出されたボタンをマウスで数カ所クリックしていけばおおよそ機械の立ち上げから検体の撮影まですんでしまう。しかし、ここで話している機械は毎日ご機嫌取りをしなければならない。使用したいと思っている日の一週間前くらいから入念なお世話が必要だ。簡単に言うとX線を出す機械を暖めておかなければならず、暖機運転を数日行うということだ。一キロボルト上げたら数秒から数分様子を見てX線源が落ちないと判断すれば、またクリック、X線源が落ちそうになると、数キロボルトぶん下げる、そんなことをして三〇〇キロボルトを目指す。そして、いざ本撮影となると、これにも増して手のかかる作業が待っていて、標本を撮影開始できるまでの準備に半日費やすこともあるのだが、そんな詳細はまた機会があったら話したいと思う。

恐竜の脳函データが目の前に

さて、二〇一三年九月の福井に話を戻す。このような、厄介だがそれでもとても貴重で有益なマシーンによって、恐竜研究が今後発展するだろうという話で三人が盛り上がっている博物館の研究室だ。突然、東先生が取り出してきたのが、福井から見つかったという「ドロマエオサウルス類」の脳函《のうかん》（頭骨の中でも脳を覆っている部分のこと。文字通り脳の箱となっている骨）化石とポータブルハードディスクだった。先に説明した世話の焼ける工業用CTスキャナーで「ドロマエオサウルス類」の脳函などの化石を撮影したデータが入っていた。

東先生は、CTデータを専門的に解析する研究者が博物館にはいないので、そのデータをぼくに見てほしいと言う。

頭骨は繊細な骨が複数組み合わさって構成されており、特に脳函は内部に大きな空洞があることからも、なかなか化石として保存されにくい。まさかそんな部位の化石、しかも恐竜の脳函が日本から見つかっていただなんて。そもそもこれまで福井の「ドロマエオサウルス類」について気にかけていなかったこともあり、その脳函化石が見つかっていることすら全く知らず、この時はそれだけでも相当の衝撃を受けた。しかもそのCT撮影も行ったという。

フクイベナートルのお宝データ

ぼくはCTスキャンがどうやら大好きなようだ。CTスキャナーにつながれたコンピューターから、少しずつ骨などの内部構造を記録した白黒画像が吐き出されてくる様子は、永遠に見ていられる（この行動については、同業の研究者ですらなかなか理解を示してくれない。多くの人は、CTスキャンを行っている間は他の作業をして時間を潰しているようだ）。そして、ある頭骨や化石があれば、いち早く目の前にあるその標本の内部の様子を見たいという衝動にかられる。これについては、岩石の中に埋まっている化石を早くクリーニングして取り出したいという多くの古生物学者の衝動と同じものだと思っている。

そんなぼくの前に突然降ってきた日本産恐竜の脳函化石のCTデータ！　お宝中のお宝である。早速、ハードディスクに保存されているデータを確かめることになった。その時はざっと白黒の断層画像（CT画像）を数枚見ただけだったが、その化石の状態は申し分なく、どうやら化石内部の構造もとてもきれいに保存されていることが見てとれた。さらにこの化石内部には脳の後方や内耳《ないじ》（バランス感覚の情報を処理し脳へ伝える三半規管や、外耳・中耳から伝わってきた音の振動を音の高さ情報に変換して脳へ伝える蝸牛管《かぎゅうかん》からなる器官）が収まっていた空洞の形がはっきりと残っていることも一目瞭然だった。仮にこれらの空洞の型をとることができれば、実際には脳や内耳という軟組織は化石として残っていなくても、その大きさや形がわかるのだ。このデータならかなりきれいな脳や内耳の三次元データを作ることができますと、東先生にやや興奮気味に伝えた。すると東先生は、ぜひこのデータを岐阜に持ち帰ってデータ処理をしてほしいと言う。初めて会ってからまだ一時間くらいしか経っていないうえに、ぼくのような駆け出し学芸員にこんな大事なデータを託していいのかと内心困惑したが、このような機会はめったにないこともわかっていたし、世界で最初の福井産「ドロマエオサウルス類」の脳や内耳の形を見てみたいという衝動をどうしても抑えることはできない。もちろんぼくは、喜びと責任感を覚えながらデータを預かり岐阜に帰ることになった。ちなみにこの時、「ドロマエオサウルス類」以外にも他の恐竜のCTデータもいくつか持ち帰って、同様に処理を開始した。まさか自分が恐竜のCTデータの処理をする日がくるとは夢にも思っていなかった。これがぼくとフクイベナートルあるいは恐竜研究とのファーストコンタクトだった。

三次元データ作成へ

岐阜に帰って一、二カ月の間には、簡易的ながらも「ドロマエオサウルス類」の脳と内耳の解析を終えていた。この解析作業は、数千枚に及ぶ白黒の断層画像を一枚ずつ見ていき、脳や内耳が収まっていた空洞（実際には、恐竜が死に土の中に埋もれた後に充填された堆積物がその空間を満たしている）をコンピューター上で〝塗り絵〟していくという作業を繰り返す。

化石の場合、ヒトを撮影したＣＴデータとは異なり、得られる白黒画像は全体を通して均質なものではなく、その一枚一枚について手作業で塗り絵作業をしなければならないので、この工程に数カ月かかることはざらである。このようにして三次元的に見たい場所を塗ったデータが用意できれば、あとはそれを三次元データ化することで、脳や内耳のＣＧを作ることができるのだ。この完成した三次元ＣＧモデルのデータを福井側に送ったところ、それを見た東先生はＣＴスキャナーを用いて恐竜の脳などを研究することに手ごたえを感じ、この研究を推進していくための支援事業に申請する決断をされた。二〇一四年度から研究を始めるために、二〇一三年度末にはその申請書作りを行っていた。初めてフクイベナートルに出合ってからあっという間のことだ。この時点まではぼくが学生の頃から愛用していたパソコンとＣＴ画像処理ソフトを使っていたのだが、ＣＴデータの容量も大きいことからよりハイスペックかつ最新の機器やソフトが必要になるだろうということもあり、研究費が獲得できればより効率的に研究を進められると期待した。幸い研究支援事業に採択され、二〇一四年春から本格的にフクイベナートルやその他の恐竜の脳函化石の解析に着手することになった。

新種の恐竜「フクイベナートル」の誕生

その後、脳函の解析以外にも、全身の骨格一つ一つの形質を見極めるという作業を積み重ねていくことで、二〇一六年に入って新種の恐竜として論文発表をすることができた。これによって、正式に*Fukuivenator*《フクイベナートル》 *paradoxus*《パラドクサス》という学名を得た。このような斜体の文字で表された動物名のスタイルを学名と言う。ぼくたちヒトはもちろんすべての動物は、絶滅種も含めて、国際動物命名規約に基づきこのような学名が与えられている。*Fukuivenator* の部分が名字で、*paradoxus* の部分が名前のようなものと理解しても差し支えないだろう。正式には前者を属名、後者を種小名《しゅしょうめい》と呼び、あわせて学名と言う。最も有名な恐竜ティラノサウルスなら、*Tyrannosaurus rex* となる。学名を姓名としてたとえるなら、フクイベナートル家にはパラドクサスという家人が一人だけいて、他にこのフクイベナートル家を構成するメンバーはいない。今後、もしかしたらフクイベナートル家に新しいメンバーが加わる可能性はあるが、恐竜では一家に一人ということは珍しくなく、先にあげたティラノサウルスでもティラノサウルス属にはレックス種しかいないと長らくされていた。そのため恐竜ではフルネームで呼ばなくても、フクイベナートル、あるいはティラノサウルスと属名だけで呼んだとしても、そこまで大きな問題はない。ちなみにヒトは *Homo sapiens* という学名で、ホモ属にはサピエンス種以外にもいくつかの種があるが、それらはすべて絶滅種だ。

フクイベナートルとはどういう恐竜なのか

ベナートルとはラテン語でハンターという意味だ。パラドクサス（矛盾的という意味）はこの恐竜に見られる特徴が、原始的なものやドロマエオサウルス類に見られるような進化的なものが混じっているという状況を表している。ただこの矛盾は、二〇二一年の研究によりいくらか解決されることになるが、これはCTスキャンの技術によるところが大きい。このことについては次章で詳しく述べたい。

ついでながら種小名にパラドクサスとついている動物は他にもあり、体長二センチメートルほどのイカであるヒメイカ（学名イディオセピウス・パラドクサス *Idiosepius paradoxus*）などがそうだ。一八八八年にプロイセン生まれのA・E・オルトマン博士によってドイツ語で記載されているが、なぜパラドックスなのかは特記されてはいない。世界最小級のイカ

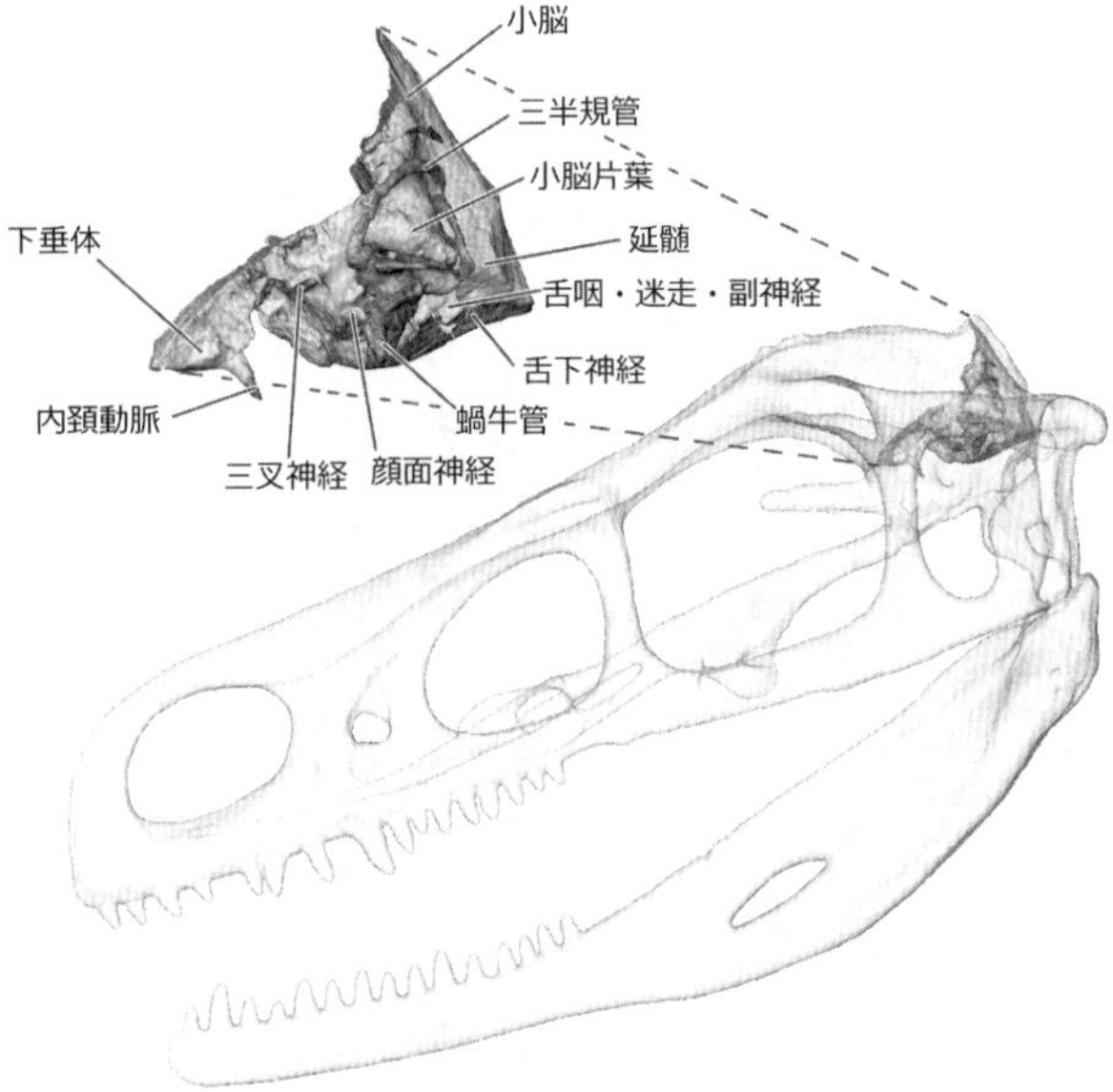

図1-2　フクイベナートルの頭骨と脳と内耳の位置関係

だからだろうか。

二〇一六年当時、フクイベナートルの脳についてはその後方しか復元することができなかった（図1－2）。そのため、脳からわかる生態どころか脳全体の形態や大きさについても示すことはできなかった。しかし、内耳から様々な情報を得ることができた。内耳は先にも少し書いたように、耳の奥の方にある器官で、大きくは平衡感覚を司る三半規管や前《ぜん》庭《てい》、そして聴力と関わりのある蝸牛管という二つの部位からなる。三半規管はその字のごとく、半円状の三つの管によって構成されている器官で、頭部の加速度などの情報を受容する。一方、蝸牛管は鼓膜から中耳を伝わってきた音の振動を受け取り、それを電気信号へ変換し脳へ送るところだ。

フクイベナートルの三半規管の大きさを計測し、他の恐竜や鳥類、爬虫類などと比較したところ、恐竜や爬《は》虫《ちゅう》類の中ではかなり発達したものであることがわかった。このことから、バランス感覚に優れ、俊敏な恐竜であったことが想像できる。また、蝸牛管の長さを計測することで、その動物の聞いていた音域をある程度推定することができるのだが、フクイベナートルについても当てはめて計算してみた。その結果から、フクイベナートルは恐竜としては比較的広い音域を聞くことができた可能性が明らかになった。これらのことから、フクイベナートルが白亜紀の世界で、様々な音を聞き分けながらすばしこく走り回っている様子が目に浮かぶようになってきた。そこで、冒頭のようなフクイベナートルの在りし日の描写になったわけだ。

第二章　コロナ禍と「フクイベナートル」のその後

パンデミックの中で

新型コロナウイルスの蔓延《まんえん》は、恐竜研究の世界にも例外なく大きな影響を及ぼした。自然科学分野の中でも、恐竜研究、特に日本での研究について言えば、パンデミックによる打撃は大きかった。福井県を中心とした国内での恐竜発掘調査は調査人員を絞ることでなんとか実施できてはいたが、発掘する人手がこれまでと比べ大きく減っていたので、従来通りの成果が出せていたわけではない。国外での発掘調査については、当然のことながら全く実施できていなかった。発掘ができないということは、新しい化石を見つけられない、すなわち研究材料を増やすことができないということだ。

ただ、新しい化石がなくても博物館などに収蔵されている既存の化石で研究を行うことができる。様々な新しい研究手法やアイデアでこれまでわからなかったことを解析するのだ。そのため、野外での発掘調査だけでなく、博物館などにある研究に使えそうな既存の化石を見つけ、それらを再研究することも、ぼくたちにとっては重要な調査となる。新しい化石を発掘できない以上、このパンデミックの中では既存化石をどのように見つけられるかが恐竜研究の大きなカギとなった。

海外と日本

恐竜化石が日本でも見つかるようになってから久しく、例えばぼくたちが行っている福井県での恐竜発掘調査では毎年数百点の恐竜化石が発見されている。しかしそれでも欧米や中国などと比較すると、化石の発見数や保存状態はそれらの国々の方が圧倒的によく、日本とは雲泥の差があると言わざるを得ない。そのため、恐竜の研究をする場合は、新しく化石を見つけて研究するにせよ、既存の化石を使うにせよ、やはり海外の標本を用いる機会が自《おの》ずと増える。日本国内にある恐竜化石を主な研究材料としていても、その化石と他を比較しなければ、研究対象の化石の特徴を知ることはできないので、海外の博物館などを訪れ、標本を見せてもらわなければならない。国内の移動だけでもままならない中、国外に行くことは当然できず、実際に数多くの化石を手に取って見比べるという恐竜研究の最も重要な作業が、阻まれていた。化石の発掘もできないうえに、既存化石の調査すらできない状況だったのだ。

そうなると、パンデミックの中では恐竜研究をあきらめなければならないのだろうか？

確かに恐竜研究には苦しい時期だったかもしれない。しかし、デジタル技術が発達し、

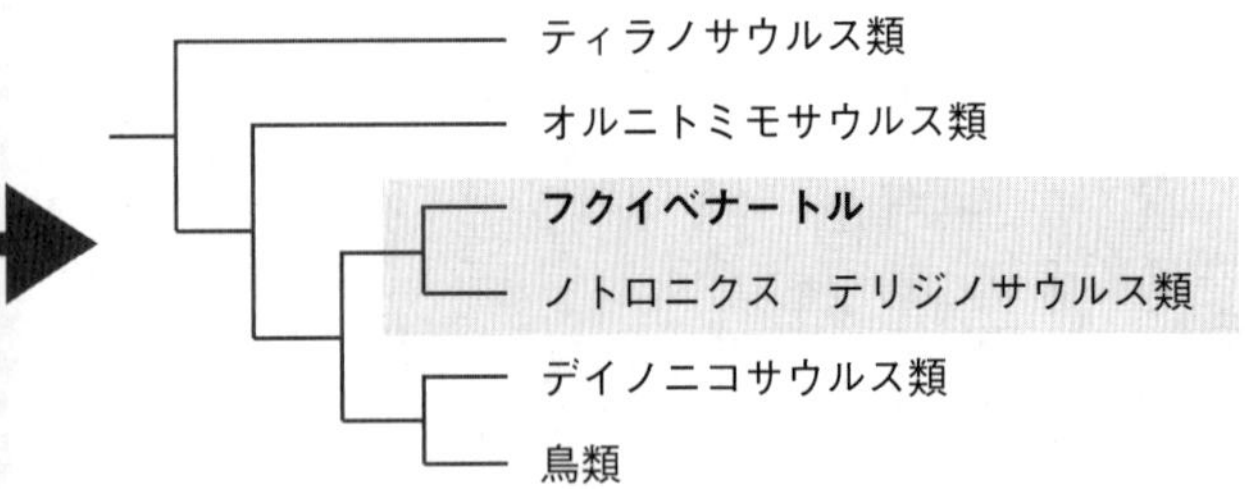

普及しつつある今、それを使うことでパンデミックによる研究活動の障壁をかなり下げられるということを、実例をもってお話ししたいと思う。

フクイベナートルに残された問題

二〇〇七年にその化石が見つかり、八年半に及ぶ研究によって、一億二〇〇〇万年前の世界で生きていた時の様子が少しずつ見えてきた恐竜フクイベナートル・パラドクサス。前章に続き、またこの子に登場願おう。

二〇一六年にフクイベナートルを新種の恐竜として発表したが、その後この恐竜についてのより詳しい研究成果は出されていなかった。福井県からは多くの恐竜化石が見つかるため、フクイベナートル以外の研究にも時間をとられていたということもある。しかし、この子についてはまだ

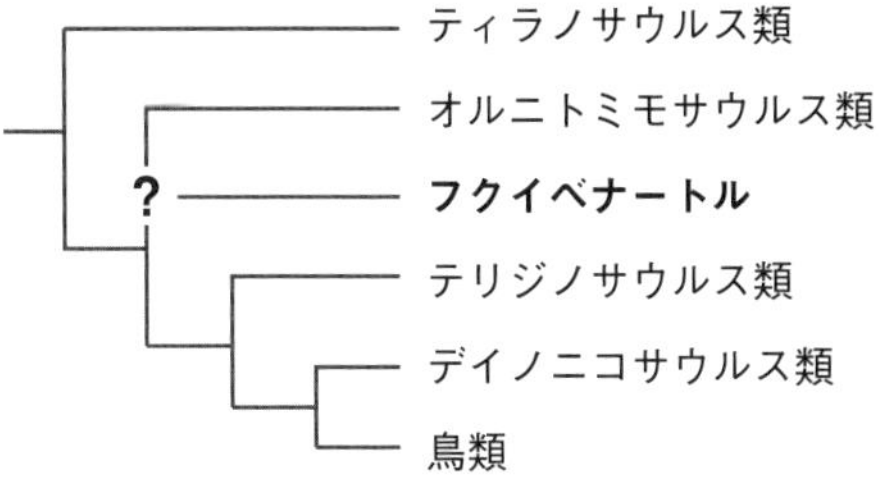

図2-1　フクイベナートルの系統的位置変化
左が2016年時点。右が2022年の解析で明らかになった分岐図

解決すべき大きな問題点が残されていた。

　それは、この子が恐竜の進化の中でどこに位置づけられるのかという問題だ。学名にある〝パラドクサス〟は矛盾的という意味で、「獣脚類」という大きなグループの中で原始的なものや進化的なものの両方の特徴が、このフクイベナートルには入り混じって見られることによることは前章で述べた。このような、モザイク的な特徴を持っていると、進化的に他の恐竜とどのような系統（血縁）関係にあるのかが見えにくくなる。また恐竜研究ではよくあることだが、見つかっていない部分や欠損などによって、系統関係を判別するための特徴が限られてしまうという問題もある。これは驚異的な保存状態を誇るフクイベナートルも例外ではない。実際、二〇一六年時点では、フクイベナートルの系統的な位置づけはかなり曖昧にしかわかっておらず、比較

的鳥類に近い獣脚類という認識だった（図2－1の左）。

「分岐図」のどこに入るのか

恐竜だけでなく、生物進化の分岐パターンを明らかにしようとする研究を分岐学などという。生物の進化の過程を木の枝分かれのような図、すなわち分岐図で表す。昨今の恐竜研究、特に新種の恐竜を報告する場合や、恐竜の進化パターンなどを解明しようとする場合では、この分岐学は必ずといってよいほど用いられる。様々な恐竜の全身の骨に見られる特徴の状態をコード化し、進化の過程でその特徴の変化数が最小になるような道筋を分岐図としてコンピューターを用いて導き出す。これによって恐竜の進化の過程を表した分岐図を得ることができ、この枝ぶりからどの恐竜とどの恐竜が近縁かといったことが見えてくる。しかし、二〇一六年のフクイベナートルの研究発表の段階では得られた分岐図の枝ぶりが明確ではなく、フクイベナートルがどの恐竜のグループと近いのかあまりわからなかったのだ。

フクイベナートルの全身CTスキャン

この問題を結果的に解決することになるのが、ぼくの同僚で、福井県立大学の助教、福井県立恐竜博物館の研究員でもある服部創紀《はっとりそうき》さんだ（ここでは服部くんと呼ぶ）。

服部くんは恐竜の中でも獣脚類、一般的に肉食恐竜と呼ばれているグループの専門家だ。福井県の関わる恐竜調査の中でも獣脚類に関することは、彼がリーダー的立場となって主導している（ちなみに獣脚類には肉食でない恐竜も多くいたことがわかっているので、ひとくくりに肉食恐竜のグループというのは適切ではない）。

その服部くんが二〇二〇年の春先に、フクイベナートルの全身の骨格をすべてCTスキャンしたいと言い出した。この頃、全国的に緊急事態宣言が出されていて、フクイベナートルの化石を保管・展示している福井県立恐竜博物館も休館が続いていた。

普段の恐竜博物館は、月に二日しか休館日がない。常設展示されている標本の研究を行おうとすると、この数少ないタイミングを見計らうしかない。開館日に来館者が通常展示されている標本を見られないということはできるだけ避けなければならない（これに関しては博物館によって考え方は異なり、研究利用のために展示から外されていることを来館者に知ってもらうという全く逆の運営方針もある）。フクイベナートルは国の天然記念物に指定されていることも相まって、普段は常設展示エリアで堅牢なガラスケースに守られていて、ぼくや服部くんのような関係者であっても簡単には取り出して研究できない。

この先の見えない長期休館の時期に目をつけ、ＣＴスキャンしたいと考えたのが服部くんだったのだ。フクイベナートルは奇跡的な保存状態で、全身の骨の約七割が見つかっている。それがゆえに、骨の数は二〇〇近くある。普段からＣＴスキャナーを使っているぼくでさえも、この恐竜の骨を全部スキャンしてみようだなんて頭によぎったことはなかった。簡易的なスキャンにしても、一つあたり撮影に一〇分はかかる。長いものでは一時間弱。これを一つ一つ、余すことなくすべて撮影するのだから、かなり根気のいる作業だ。そのため、彼の話を聞いた時は、「ちゃんとスキャンは完了するのか？」「完了したとしてもそのＣＴデータの処理はどうするんだ？」と思った。正直、尋常じゃないと思った。

そんなぼくの心配をよそに、休館中に結局、服部くんはほとんど一人ですべてスキャンしてしまった。単純計算でも一〇〇時間以上はＣＴスキャンに費やしたはずだ。スキャンの準備やその後の作業などを含めればもっと多くの時間がかかっている。その頃の服部くんは気づけばいつもCTスキャナーの前にいて、他の仕事もずっとそこで行っていた。

CTスキャンの仕組み

ここで簡単にCTスキャンの仕組みや、その後に行わなければならない作業について説明しておこう。CTとは Computed Tomography の略で、コンピューター断層撮影とも言う。コンピューターを用いて物体の輪切り画像を作るのだ。CTスキャンと聞くと、多くの人は病院にある、ドーナツ状に穴の開いた大きな機械を思い浮かべるだろう。ぼくたちが恐竜化石の撮影などで用いるCTスキャナーは、医療用のものよりも強力なX線を出すことができ、また内部の構造が少し違っていたりはするが、基本的な仕組みは医療用のものと変わりはない。

病院によくある一般的なCTスキャナーを例にその構造や簡単な仕組みを見ていきたい。医療用CTスキャナーは中央部に穴の開いた大きな構造物「ガントリ」があり、検査対象物（患者あるいは標本など）を横たえてガントリの内部へ誘導していく寝台、そして操作用のコンピューター（コンソール）と大きく三つの部分から構成されている（図2-2）。ガ

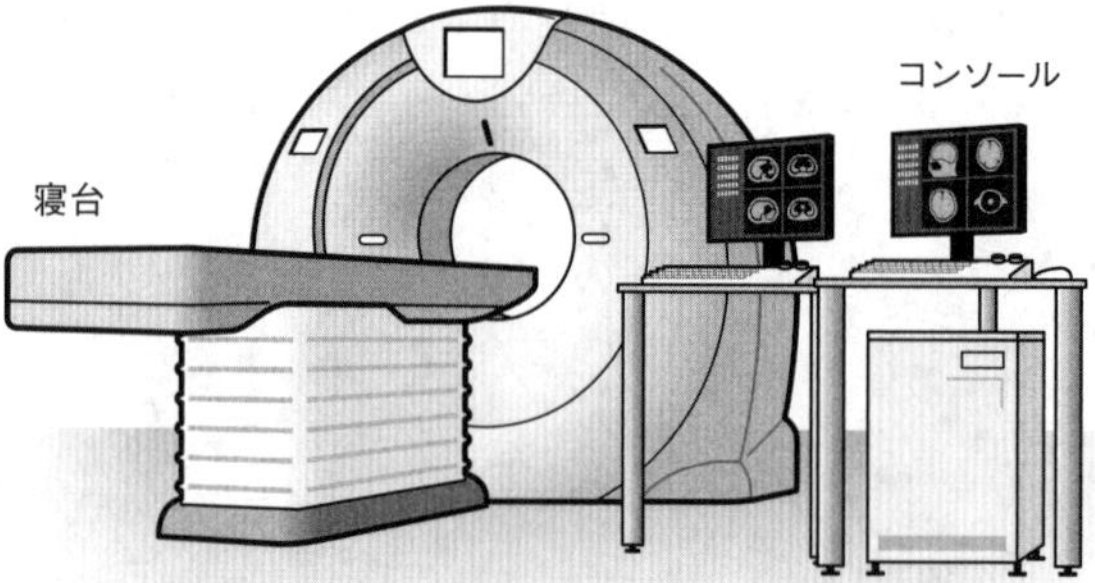

図2-2　CTスキャンの機器

ントリの中には、X線を発する管球があり、その反対側に検査対象物を透過したX線を受ける検出器がある。ガントリの内部ではこの管球と検出器がぐるぐると回転している。寝台がガントリの中に入っていくと、検査対象物からすれば、自分の周りを螺旋状に管球と検出器が回りながら進んでいるように見える。これにより、検査対象物にくまなくX線を当て、X線が検査対象物を通る過程でどれだけ減弱したかといった情報を得ることができる。

だが、これだけでおなじみの白黒のCT画像すなわち検査対象物の輪切り画像ができるわけではない。複数の角度から撮影したとしても、その画像から、あなたは物体の輪切り画像を描くことはできるだろうか。とんでもない頭脳の持ち主でもさすがにそれはできないだろう。しかしコンピューターならできる。CTとは、様々な方向から検査対象物にX線を当て、その物体を通ってきたX線の情報をもとにコンピューターで輪切り画像を作ることなのだ。スキャンするとすぐに白黒の断層画像が出てくると思うかもしれないが、実は膨大なデータをコンピューター処理して作られているのだ。

このようにして得られたCT画像は、X線の透過のしやすさを可視化したものと言える。X線は密度の高いものよりも低いものの方が通りやすいという性質がある。つまりCT画像の白黒は物体の密度の違いを表現しているのだ。より黒い部分は密度が低く、白い部分は密度が高い領域だ。そのため、空気の部分は真っ黒で、骨の部分は白く表現されている。内臓のような少し柔らかい部分は、様々な濃淡のグレーに見える。

この段階では、数千枚といった輪切り画像がずらっとあるだけだ。そこでさらに、専用のソフトウエアを用いて、輪切り画像を三次元的につなげていくことで、最終的には検査対象物の外観だけでなく内部構造までも三次元的にCG（コンピューターグラフィックス）として表現することが可能になる（図2-3）。人体であれば、骨や様々な内臓の白黒の度合い（ＣＴ値）がわかっていて、その値はほとんど変化することはないので、例えば骨だけを三次元的に見せたい場合は、骨のＣＴ値に対応するところだけを抽出して表現させることがほぼオートマティックに可能だ。

膨大なＣＴ画像を手作業で処理する

これは岩石や化石を撮影した場合も、原理は同様だ。岩石も部位によって密度が異なるので、ＣＴスキャンをすると濃淡に変化のあるＣＴ画像を得られる。また、多くの場合、化石とそれを取り囲む岩石は密度が異なるので、ＣＴ画像を見ると岩石と化石の境界を見分けることができる。ただし、人体の撮影とは異なり、化石や岩石は様々な条件によりその状態はまちまちで、たとえ同じ場所から見つかったものでも、一つのサンプル内でも部位によってＣＴ値がかなり変化するということはざらだ。そのため、一律にコンピューターで処理することは現時点では難しい。そうなると、数千枚もの膨大な数になるＣＴ画像一枚一枚を、人の目と手で化石と岩石の境界を定義していくことになる。ある程度自動的に処理できる場合もあるが、まるで塗り絵をするようにペンタブレットなどを用いて本当に手描きで境界を描いていく。丁寧に作業を進めていけば、デジタルデータ上で化石を岩石から抽出することが可能だ。

この気の遠くなるような作業を行えば、あとは専用のソフトでCGを作ることができる。

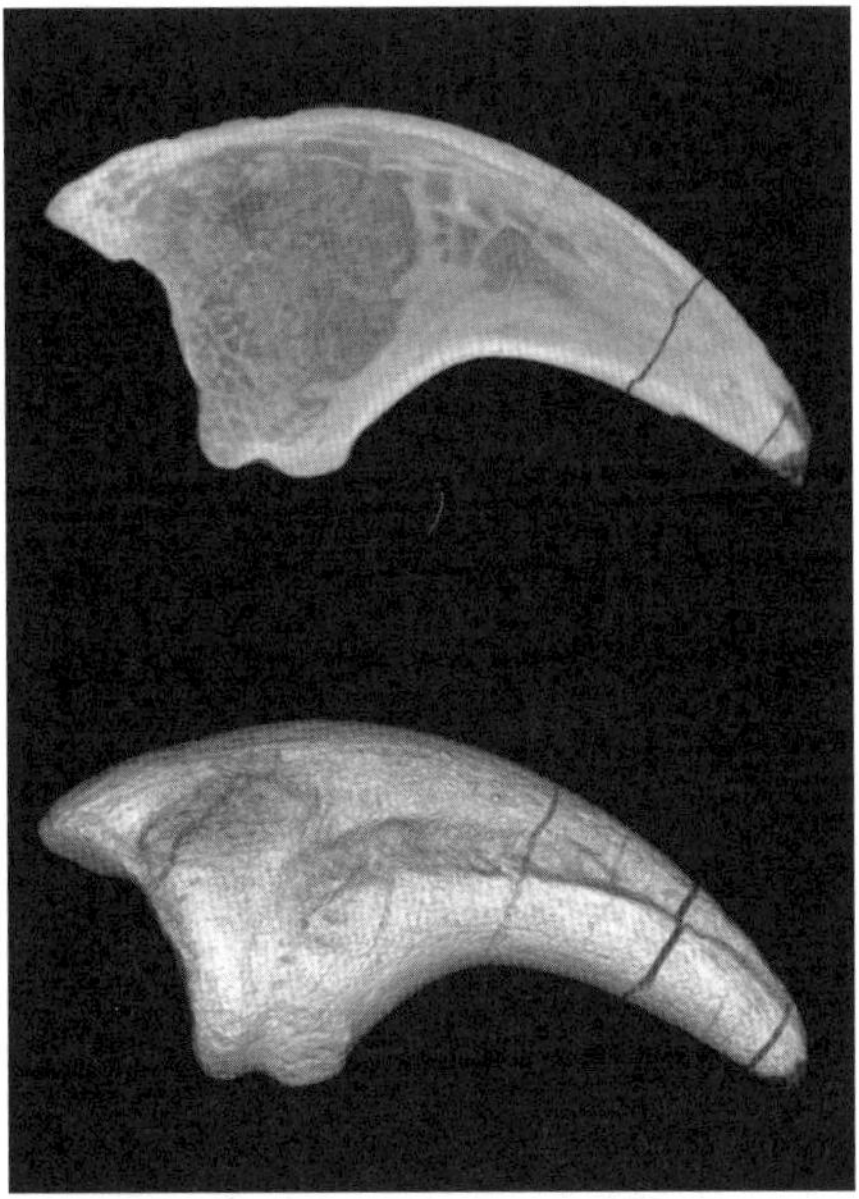

図2-3　フクイベナートルのCT画像（上）とCT画像から作成した三次元CGモデル（下）

左後肢の中指の末節骨（末端の指の骨）。骨の真ん中を切る断面が見えているCT画像。生きていた時は、この骨の表面をケラチン質の鉤爪が覆っていた。末節骨は爪の骨と言われがちだが、これは正しくない。爪はほとんど化石としては残らないここまできてようやく、化石の様々な観察や計測、解析ができるのだ。

ちなみに、MRIは一見CTスキャナーにとても似ていて、結果的に似たような白黒の輪切り画像を出力するため、これらはほとんど同じマシーンだと思っている人も多いだろう。しかし、MRIはCTスキャナーとは全く仕組みが異なっていて、似て非なるものだ。MRIについての話は章を改めてしたいと思う。

フクイベナートルのCTデータ

とりあえずフクイベナートル全身の骨一つ一つの輪切り画像は服部くんの驚異的な作業スピードにより手元に揃った。次はこのデータを処理していき、三次元CGにしなければならない。この作業はぼくと服部くんとで行っていった。また、標本が脆《もろ》かったり、小さすぎたり、あるいは岩石と化石との分離が悪いなどの理由から完全にはクリーニングできていないような標本も多く、そのようなものはデジタル上で岩石部分を取り除いて、本来の化石のみを抽出していった。この作業も時間がかかり、ものによっては一つあたり数時間かかることもあった。正確には覚えていないが、微修正などは翌二〇二一年の春くらいまでは続いていたが、主要なものに関しては秋頃までに作業を概ね終えていたように思う。ざっと見積もったところ、処理した輪切り画像は八万枚を超えていた。

このようなCTデータの解析を行ったことで、二〇一六年の段階では部位が不明で解析に使えなかった標本などについて、どこの骨なのかを明らかにできたり、あるいは骨を覆っていた岩石によって見えなかった細かな解剖学的特徴が見られるようになった。新たに発見された部位は一七点以上、さらに一四点は当初の見解と異なる部位であることがわかった。例えば、以前は鼻先の骨だと思われていたものが、顔のもう少し後ろの方の骨であることがわかった。これにより、頭骨全体を復元した時の印象がだいぶ変わった。さらに、眼の前方にある穴がとても大きいこと、胴の背骨の数が一一個以下、尾の先端の骨がひと塊《かたまり》になっていることなど、これまでわからなかった細かな特徴が三〇〇以上確認できた。このように新たな部位や特徴の発見、あるいは誤って別の部位のものと認識されていた骨の見直しができたのは、CTスキャンによってより厳密に骨化石とそれを取り囲む岩石との区別ができたためだ。

フクイベナートルはテリジノサウルス類

このように様々な特徴が再発見されると、系統関係を明らかにするために用意する骨の特徴をコード化したデータの修正をすることになる。三〇〇個以上のデータの見直しを行い、改めて分岐図を描くための解析を行った。その結果、これまで考えられていたよりもフクイベナートルは鳥類に近い恐竜であることが明確となり、さらにテリジノサウルス類という恐竜のグループに属することもわかった。また、このテリジノサウルス類の中でも最も原始的だということも判明した。つまり、フクイベナートルがテリジノサウルス類の起源に最も近い恐竜であるということだ（図2－1の右）。

と言われてもテリジノサウルス類なんて聞いたことがある人の方が稀《まれ》だろう。テリジノサウルス類は獣脚類の中では一際《ひときわ》変わった恐竜だ。一般的にこのグループの恐竜たちは、比較的頭が小さくて頚《くび》が長く、体に対して大きな前肢を持ち、腰まわりはどっしりとしている。ぼくたちがイメージするしゅっとした体型で獲物を追いかけていたような肉食恐竜とはほど遠い外見だ（図2－4）。実際、テリジノサウルス類の歯は鋭くなく、全体的な体つきからもわかるように、草食性の恐竜だった。

図2-4　テリジノサウルス類の比較
小さい方がフクイベナートル。もう一方が進化的テリジノサウルス類のノトロニクス

フクイベナートルの歯も鋭くなく、肉食恐竜の歯の縁によく見られるステーキナイフのぎざぎざのような構造もないことは当初から知られていて、雑食性恐竜の可能性が高いということはわかっていた。ただこれまではこの恐竜の親戚がわからず、フクイベナートルやまだ見つかっていない数少ない恐竜だけが雑食性に進化していっただけなのか、あるいは獣脚類の中の何か特定のグループで見られる食性変化の進化の流れの中にフクイベナートルが位置づけられるのか、解明できていなかった。しかし、パンデミックという制

約がある中でこそ始めた今回の再研究によって、フクイベナートルが原始的なテリジノサウルス類であることがわかり、テリジノサウルス類は原始的な段階ではまだ完全に草食性にはなっていないことが見えてきたのだ。テリジノサウルス類は原始的な肉食性の状態から、その進化を通して徐々に草食性へと移行していったのだろう。

フクイベナートルの脳

またCTスキャンによって骨格をデジタル化したことで新たにわかったことがある。これまでフクイベナートルの脳を覆う骨は、後ろ半分くらいしかその詳細がわかっていなかった。前章にも書いたように、二〇一六年の時点ではフクイベナートルの脳については後方部分しか再現できず、そこからこの恐竜の生態などについて明らかにできることはなかった。再現できた部分の精度はかなり高いのに、面白い情報が引き出せないことにかなり悔しい思いをした。しかし今回、すべての骨をデジタル化して、3Dプリンターで出力し実際に組み上げたことで、脳まわりの骨の全貌が見えるようになった。そのため、フクイベナートルの脳の全体像までも明らかにすることができ、脳から様々なことがわかってき

図2-5　フクイベナートルの頭骨と脳の復元図
2022年の解析により脳の全体像が明らかになった

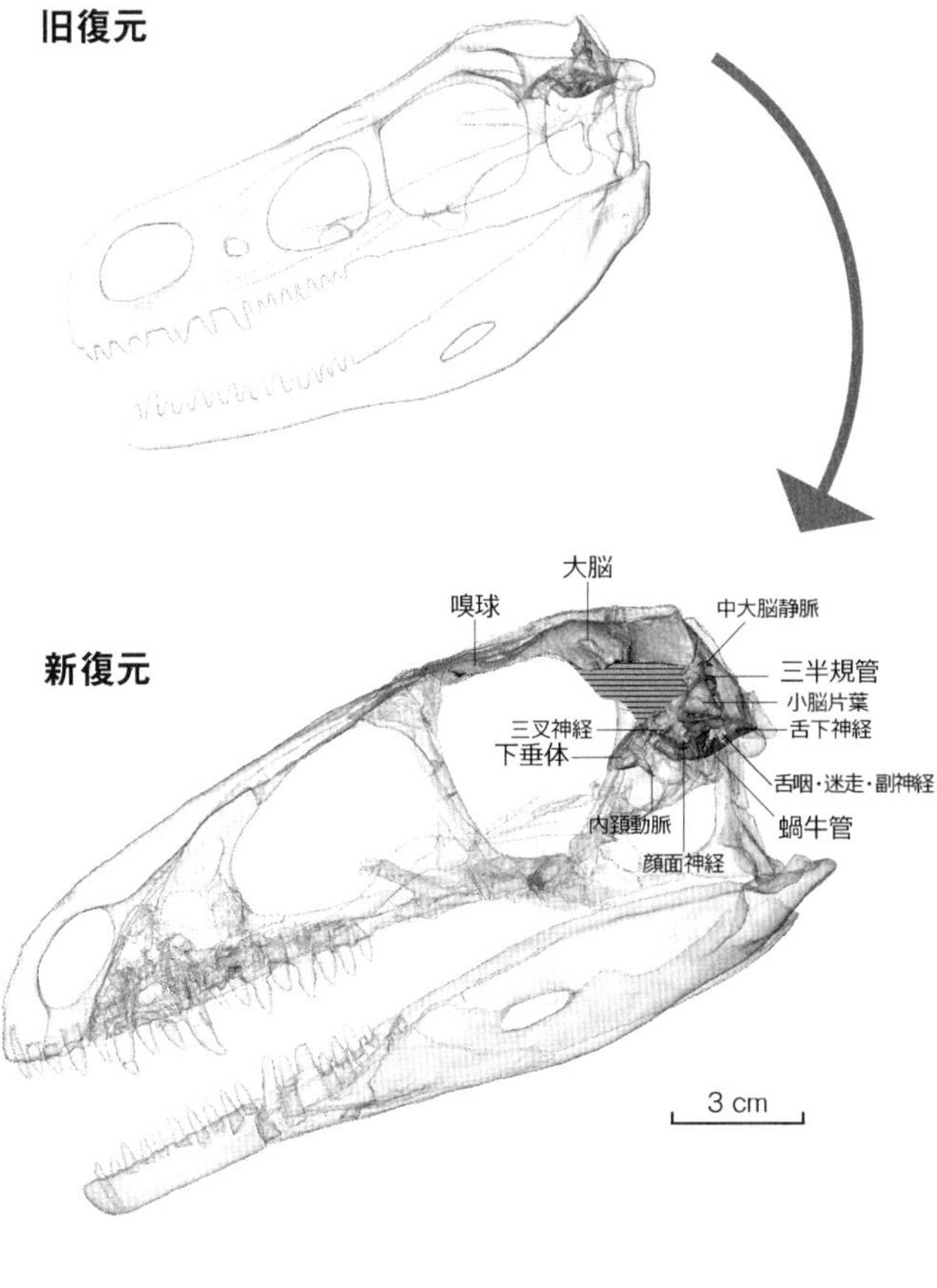

たのだ（図2－5）。

鼻が利く俊敏な恐竜

まずはその脳の大きさだ。全貌は見えたといっても、いくらか欠損部分があるので、完全ではないが、少なくとも一二立方センチメートルはあることがわかった。ちょうど今手元にある市販の目薬のパッケージに一二ミリリットルと印字してあるので、フクイベナートルの脳は一般的な目薬と同じくらいの容量と考えればよいだろう。この値は、鳥類に近い獣脚類の中ではあまり大きくない。これは他のテリジノサウルス類でも同様なので、テリジノサウルス類はその進化の初期段階からあまり大きな脳ではなかったようだ。一方で、嗅覚を司る領域が桁違いに大きいことがわかった。つまり、フクイベナートルは鼻が利《き》いたようだ。これまでわかっていたことを加味すると、フクイベナートルは鋭い嗅覚と聴覚を頼りに、俊敏に昆虫のような獲物を追っていた様子が見えてくる。

このように、パンデミックの中で移動制限も厳しく、新しい標本を扱うことが困難な状況下でも、デジタル技術を用いて既存の標本を再解析することで、恐竜の多様性、進化の面白さを解き明かすことができた。すべての場合において、今回のようにうまく研究が進むわけではないだろうが、フクイベナートルに秘められていた謎はデジタル時代だからこそ解き明かすことができ、また非常時におけるデジタル技術の強みを明らかにする機会でもあったのだ。

第三章　「ネオベナートル」のデジタルデータ作成奮闘記

恐竜島へ

二〇一七年一〇月、ぼくはイギリスのポーツマス港にいた。空はどことなくどんより灰色がかっていて、肌寒かった。傍らには職場（福井県立恐竜博物館）の同僚であり、第二章にも登場した服部創紀くんがいる。ポーツマス港はロンドンから約一一〇キロメートル南西にあり、グレートブリテン島の南岸にある。厳密には、本土グレートブリテン島からは小さな川で隔てられたポートシー島にあるが、鉄道や道路で容易に渡ることができるので、島にいるという感覚はない。ポーツマス港は主要なフェリー港として観光客でとてもにぎわっていた。この人たちはここから様々な地へ旅立っていくのだ。それはぼくたちも例外ではない。今回のぼくたちの目的地はポーツマス港のさらに先にある「恐竜島」だ。

ぼくたちは、ここから一七キロメートル南西にあるワイト島のサンダウンという町を目指していた。ワイト島までの海路は大型フェリーで三〇分程度。出港して数分もすれば目前にワイト島が見えてくる。この島の面積は種子島《たねがしま》よりもやや小さいくらいで、島のほぼ南半分が白亜紀の地層で構成されている。そのためヨーロッパ有数の恐竜化石の産出地として有名で、二〇種以上の恐竜が発見されている。ぼくたちがこの島を目指す理由はそこ

写真3-1　ワイト島の海岸に見られる恐竜の足跡化石(矢印部分)

写真3-2　ダイナソー・アイルに展示されているネオベナートル全身骨格

にある。また、恐竜の骨化石だけでなく足跡化石の産出地でもあり、特に西海岸を歩けば誰が見ても明らかな数多くの足跡化石を見つけることができる（写真3－1）。

サンダウンはワイト島の南東部に位置する海辺のリゾート地で、長く広がる海岸の断崖は白亜紀の地層からできている。この町の中心街から少し北に外れた海岸沿いに、「ダイナソー・アイル」、直訳するなら「恐竜島」、という博物館がある。二〇〇一年にオープンし、主にワイト島に関係する数多くの貴重な地質・古生物学的資料を保管・展示している。

ワイト島では一八二〇年代から発掘調査が行われていて、イギリスを代表する恐竜であるマンテリサウルスの化石などが見つかっている。一九七八年以降には、ある肉食恐竜の化石の報告が断続的になされ、これは一九九六年に「ネオベナートル」と名付けられた。今ではダイナソー・アイルの展示室にこの全身骨格が展示されている（写真3−2）。今回ぼくたちは、このネオベナートルの化石標本を借用するための交渉にダイナソー・アイルにやってきたのだ。

ネオベナートルという恐竜

ネオベナートルは全長約七メートルの比較的大型の肉食恐竜だ。この恐竜はアロサウルス上科《じょうか》ネオベナートル科に属していて、この科には福井産肉食恐竜フクイラプトルも含まれている。つまり、ネオベナートルとフクイラプトルはとても近縁な恐竜ということだ。しかもこれらの恐竜が生きていたのは前期白亜紀というほぼ同時代。生息場所は離れてはいたが、ネオベナートルはフクイラプトルと多くの点で類似する恐竜なのだ。ちなみにフクイラプトルは日本産の恐竜で初めて学名がつけられた恐竜だ。全長は四メートル強でネオベナートルと比べると小型だが、もう少し大きく成長していただろうと考えられる。

ワイト島と福井の共通点はネオベナートルとフクイラプトルにとどまらない。フクイサウルスやコシサウルスという福井の草食恐竜は、ワイト島の原始的なハドロサウルス類とも似ている。さらにはスピノサウルス類やヨロイ竜類といった恐竜だけでなく、ワニ類や軟体動物類においても、それぞれから似た動物の化石が見つかっている。前期白亜紀に生きていたお互いの恐竜やその他の動物、あるいは環境などの様子をより明瞭に復元するためにも、ワイト島と福井の恐竜を詳しく比較していくことはとても重要なのだ。

恐竜化石を借りる

ネオベナートルの化石標本借用の話に戻ろう。そもそも恐竜化石を借用するとはどういうことなのか？

夏になると日本中の博物館やイベント会場で、「恐竜展」なる期間限定の展示が催されている。このような特別展では、博物館が会場であれば自前の標本だけで展示を構成することもあるだろうが、多くの場合は多少なりとも他館から借りてきた標本も展示している。イベント会場での展示ならば、そこにある標本や作品などはすべて借り物だ。展示は陳列とは異なり、標本や作品を単に並べるというものではなく、何かしらの意図やストーリーに沿った展示物を揃える必要がある。そのため自前の標本だけでは展示を構成できなかったりするのだ。これは恐竜展に限った話ではなく、様々なタイプの博物館、美術館の展示などでも同じだ。どのような面白いもの、貴重なものを借用してこられるかが、その展示を担当する学芸員などの腕の見せ所とも言えるかもしれない。貴重、あるいは有名なものであればあるほど、その標本、作品を借用するのは難しくなる。多くの場合、借りたいと言って簡単に了承を得られるようなものではなく、先方の標本管理者などと何度も協議を重ね、受け入れ側も先方の希望に沿った条件を十分に整えたうえで、やっと借用へとこぎ着けられるのだ。

なぜネオベナートルの標本を借りたいと思っていたかというと、翌年に福井県立恐竜博物館で肉食恐竜にスポットをあてた特別展の開催が決まっていたからだ。その展示の企画・構成の責任者が服部くんで、サポート役がぼくだった。前述した通り、フクイラプトルという福井の肉食恐竜をより深く理解するうえでネオベナートルはカギとなる恐竜だ。そのため、この特別展にはネオベナートルの存在が欠かせないとぼくたちは考えていた。

つまり、今回のミッションはネオベナートルの実物化石の借用の許可を得ること、さらには何かしらの方法で全身骨格をこの特別展で展示するための手段を見いだすことだ。

　恐竜の標本を借りるといっても様々なパターンがある。化石のレプリカの一部分を借りるというのが一番手軽だろう。それが実物化石となれば、世界で一点物の展示物であるから確実に借用のハードルは上がる。あるいは全身骨格のレプリカを借りるということも多々ある。一部の骨だけを見ても多くの人にはよくわからないが、全身の骨格があればその恐竜の姿はイメージしやすい。全身骨格の展示は欠かせない。しかし、レプリカによる骨格だったとしても、それを生きていた時の姿のように設置するための金属フレームや台座など、かなりの物量をまるごと借りる必要があり、手間だけでなくお金もそこそこかかることになる。

　よい展示ができれば、もちろんそれが一番なのだが、それだけの時間や費用をかけて標本を借用するのだから、ぼくたちは展示以外でも何か面白いこと、得られるものがないかと考える。ただ単に標本を借りて、展示が終われば返すというだけでは、特別展としては成功しても、ぼくたちの手元には展示を行ったという実績以外に特に残るものはない。そこで、例えばこの標本を用いた研究を行う機会がもらえないかとか、レプリカ製作の許可を得て、自館の標本に加えさせてもらえないかとか、そのようなことを考える。

秘策はデジタルデータからのレプリカ作製

ぼくたちが今回考えていたことは、ネオベナートル全身骨格のデジタルデータを作成して、それをもとに日本でレプリカを作れないかということだった。手間暇やコスト面のことはさておき、これがうまくいけばネオベナートルの全身骨格のレプリカが手に入るし、何よりもデジタルデータから全身骨格を作るということが面白い。実際の標本はワイト島から移動させないにもかかわらず、それと同じものを福井で展示できることになる。ネオベナートルは実際の海を渡ることなく、日本にやってくることになるのだ。標本をデジタル化してそこから複製、展示物を作るという話は当時でもちらほら聞いたことはあったが、恐竜の全身骨格となると前代未聞だ。

これには借りる側だけでなく、貸す側にも大きなメリットがいくつかある。第一に、標本を動かさないので破損や紛失といった恐れがない。もしその標本が、貸出側の博物館の目玉展示だったとしたら、長期間それを展示から外すことはかなり憚《はばか》られるが、その心配もなくなる。貸出しはしているのに、自分の博物館にその標本は残っているのだ。さらに、デジタルデータができれば、そこからいくらでもコピーを作ることができる。しかも、型を取って作るレプリカとは異なり、デジタルは大きさを自由に変えることができる。展示によっては、実際よりも大きなあるいは小さな展示物があれば、観覧者の理解を大いに高めることができる場合がある。加えて、デジタルデータなのでその利用の幅は広く、コンピューター上で効果的に見せることもできるし、環境や条件さえ整えば世界中の誰もがそのデータを閲覧可能となる。

借用交渉開始

ネオベナートル全身骨格のデジタルデータを作るという秘策を携えて、ぼくたちはダイナソー・アイルの展示・標本管理責任者に会いに行ったのだ。

ワイト島のライド・ピアという港に降り立ったのは昼前。そこからイギリス国鉄483形電車に乗り込み、サンダウンを目指す。ちなみにこの電車は丸みを帯びた赤いボディで、

写真3-3　イギリス国鉄483形電車。ロンドン地下鉄の1938年形電車を譲り受けたものだが老朽化により2021年に引退した

背がかなり低い。島内の小さなトンネルのためだそうだ。製造されて八〇年近く経つこの電車に揺られ、目的地の駅に着いた頃には正午を少し回っていた。サンダウンの中心街を抜け、途中海岸沿いのレストランでランチをすませ（イギリスということで身構えていたが、それなりに美味しかった）、やっとダイナソー・アイルに到着。

ダイナソー・アイルの総責任者である、マーティン・ムント博士が出迎えてくれた。マーティンは、翌日にダイナソー・アイルの今後の運営に関わる重大な会議を控えていて相当に慌ただしい様子だった。この後にも他の打ち合わせがあるということで、簡単に挨拶をすませ福井県の恐竜事情などの説明を聞くとすぐに彼は席を外した。ダイナソー・アイルに滞在中は、コミュニティ学習スタッフのアレックス・ピーカー氏がぼくたちの対応をしてくれた。夕飯はアレックスが同席することになったので、それまでぼくと服部くんは、近くの海岸へ化石探しに出かけた。白亜の崖がはるか先まで延びる断崖を下り、砂浜をスニーカーで歩いた。相変わらずどんよりとした空模様だが、夕日も交じり、どことなく空は薄明るいオレンジ色をしていて、なんだか奇妙な景色だった。その海岸では、ダイナソー・アイルのイベントでもよく化石発掘体験をしていて、比較的簡単に貝類などの化石を見つけられる。目を凝らせばちらほら恐竜の骨の破片と思われる化石も見つけることができたが、これは目が慣れていないとなかなか難しいかもしれない。

翌日以降はワイト島で太陽を拝んだ記憶がない。ワイト島二日目は、主要スタッフは会議のために出払っていたが、ぼくたちはダイナソー・アイルの展示やバックヤードをじっくりと見ることができ、貴重な標本も観察できた。そうこうしているうちに、会議が予定よりも早く終わったということで、この日のうちに借用交渉ができることになった。交渉といってもある程度のプランはメールで伝えていたのでスムーズに話は進んだ。実物化石に関しては、ネオベナートル以外の恐竜のものも借用の了承を得ることができた。また、ダイナソー・アイルに展示しているネオベナートル全身骨格のデジタルデータを作成し、それをもとに日本で骨格を作り上げる許可ももらえた。残る気がかりは、九カ月後に迫る特別展開催日に全身骨格を完成させることができるかだ。

実物化石とレプリカ

化石のレプリカや複製と聞くと、「なんだ、偽物か」とがっかりする人も多い。しかし果たしてレプリカは、多くの人が考えるように本物ではなく偽物なのだろうか。ぼくたち研究者は偽物だとは思っていない。しっかりと作られているレプリカは実物化石の形を正確に写し取っており、その形はまさに本物だ。そして実物化石を代替する、便利で必要不可欠なものだ。

恐竜を例にするなら、その展示のほとんどは実物化石ではなくレプリカだ。レプリカは軽くて扱いやすく、同じ物をいくつも用意できるため、展示にはもってこいだ。また、遠く海外の博物館にある実物化石を気軽に見ることはできないが、その化石のレプリカなら国内にあることも多く、化石を見る機会を増やしている。研究面でも、同じ理由でレプリカは重宝される。そのため、多くの古生物学者は研究のためにレプリカを製作し、すぐに手元で作業できるようにしている。ごく稀に実物化石が紛失することがあるが、そのような場合でもレプリカがあれば資料の情報をすべて失うことを避けることもできる。確かにレプリカだと、外から見えない内部の構造や化学成分などの情報は抜けてしまうが、決してそれは偽物ではなく、実物化石と同等に重要な標本で、その研究的・展示的価値は十分にある。博物館で「レプリカ」や「複製」と書いているのを見ても、どうか残念がらないでほしい。

フォトグラメトリ

さて、恐竜の全身骨格のデジタルデータを作成するとこれまで述べてきたが、物体の形状をデジタル化するのに、今回ぼくたちが用いたのはフォトグラメトリと呼ばれる手法だ。

写真から物体の寸法や形を推測するというもので、より具体的に説明するなら、ある物体を様々な視点や角度から撮影し、その写真を解析・統合して三次元のデジタルデータを作るというものだ。複数の写真の、重複した部分を組み合わせていくことで、物体の全体像を捉えることができる。フォトグラメトリは基本となるデータが単なる写真なので、誰でも簡単にデータを取得できるのがこの手法の魅力の一つだ。ただし、写真に写らないものはデータにならない。例えば複雑に入り組んだ構造の裏側だったり、穴構造の奥に広がる空間だったりだ。このような構造は、実際にぼくたちの目で見えるものではないので（写真で写すことができないので当然なのだが）、大きな問題になることはあまりないし、最終的に三次元データに変換した後に修正・加工することも可能だ。

実はフォトグラメトリは昔からある技術で、特段目新しいものではない。しかし、最近ではカメラの精度が上がり、また写真データを統合するためのソフトウエアや、それを処理するコンピューターの性能が大きく向上していることから、フォトグラメトリはかなり身近な技術になってきている。今ではスマートフォンだけでもかなり手軽に三次元データを作ることができる。そのため、恐竜研究などでも頻繁にフォトグラメトリの技術は使われるようになってきている。これまでは単に標本の任意の面の写真を撮るだけだったが、三次元データ作成を意識して、複数の写真を撮っておくということも増えている。

カメラが一台しかない場合は、そのカメラを使って被写体の周りからくまなく何十枚もの写真を撮らなければならないが、何十台ものカメラを被写体周辺に適切に配置し、一斉にシャッターを切れば、一瞬でその被写体のデータを得ることができる。この場合、被写体が人や動物などの場合にはかなり有効だろう。実際、最近ではドラマや映画、あるいはテレビゲームに登場する人物のCGはこのようにして取得されたデータをもとに作られていることが多い。またドローンで建物や地形を撮影すると、かなり大きなスケールのものもデジタルデータ化できる。二〇一九年に焼失してしまった首里《しゅり》城や、二〇一八年に同じく火災によってほぼ全焼したブラジル国立博物館などについても、過去に撮影された写真データを大量に用いることで、三次元デジタルデータによる建物やその内部の様子の復元が試みられている。日常では直接的に意識する機会は少ないかもしれないが、フォトグラメトリはぼくたちの生活からは切っても切り離せないものになってきている。

ダイナソー・アイルのガラスケースの向こうでポージングしているネオベナートルの骨格は、このフォトグラメトリを用いてデジタルデータ化することになった。予算や時間的な余裕がなければ、ぼくか服部くんが再度ワイト島へ行って集中的に写真撮影をするくら

図3-1　ナイロン粉末焼結造形の仕組み

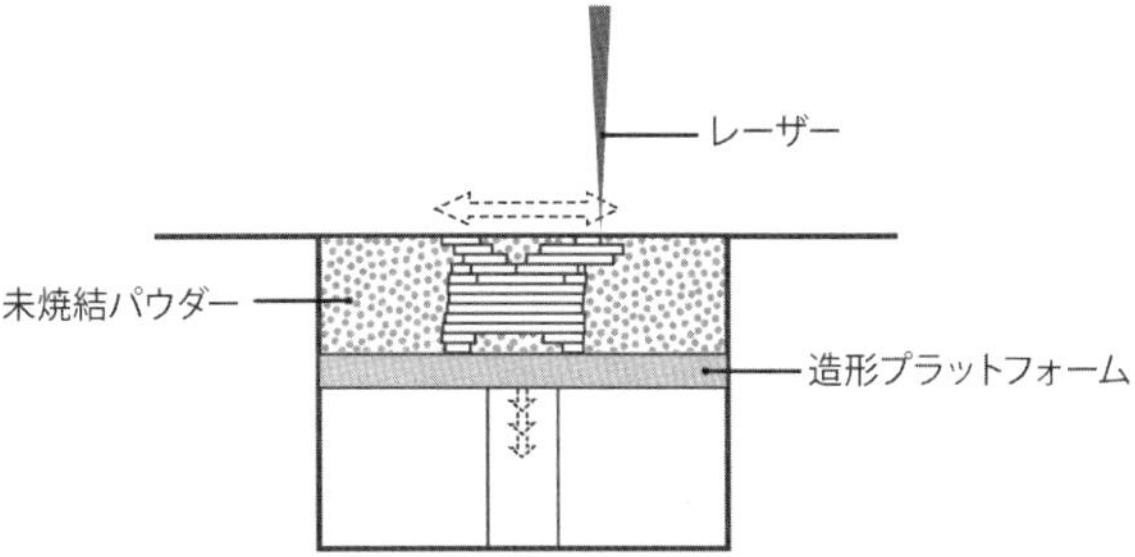

いの覚悟はしていた。しかし現地の業者との調整の結果、予算的にも期日的にも対応できることがわかったので、三次元デジタルデータの作成はイギリスのチームに任すことになった。

どこかの骨が外されていた

どのような質のデータがあがってくるのか心配ではあったが、少しずつイギリスからネオベナートル骨格の三次元データが届きはじめ、展示用のレプリカの製作に十分に耐えられるものであることがわかった。また、写真撮影は全身骨格から一つ一つ骨を外して行われるので、ダイナソー・アイルのガラスケースの中からネオベナートルがいなくなるということもなかった（厳密にはどこかの骨が一つ二つ外された状態が継続的に続いていたわけだが）。これにより、ネオベナートルの全身骨格を楽しみにダイナソー・アイルを訪れるお客さんに、残念な思いをさせないですんだわけだ。

3Dプリンターでネオベナートルをプリントする

さてデジタルデータをどのようにして物体として出力するのか。これには、3Dプリンターを用いることになる。3Dプリンターには様々な形式のものがあり、一長一短がある。今回は樹脂（ナイロン）粉末をレーザー焼結して一層一層を固めていき、それを積み上げていくことで造形するという、福井県工業技術センターにある機械を使った。積層造形というタイプの一種で、ナイロン粉末焼結造形という（図3－1）。3Dプリンターというと、多くの場合は試作品の製作に使われる場合が多いが、この造形方法だと材料強度が高く経時変化も少ないことから、実部品としても十分に耐えられるものを出力できるのだ。ちなみに各都道府県にはこのような地元中小企業を支えるものづくり技術支援を目的とした公設試験研究機関がある。その施設の規模や取り揃えている機器を見れば、その自治体がどのような工業分野に力を入れているのかがわかる。福井県でいえば、眼鏡フレームの開発に三次元デジタルデータを用いた技術が欠かせないことから、3DプリンターやCTスキャナーといった装置が充実している。ぼくたちは眼鏡産業のおこぼれに与《あずか》ったようなものだ。

イギリスから届いたデータをまずは試しにいくつか出力してみたが、これなら最終的に全身骨格として組み上げても問題はなさそうだった。あとは時間との闘いになる。造形にはかなりの時間がかかることから、一週間に数パーツの骨しかプリントできない。さらには、プリントを始める前に、造形のポジションや、あるいは大きすぎるパーツはどこで分割するかなどを設定するというデジタルデータの処理が必要となる。プリント後には粉末まみれの造形物を掃除して、それに着色を施して実際の化石に近い色合いにしたうえで、鉄骨のフレームを組んで全身骨格として仕上げることになる。

着色や骨格組み上げ作業については、化石レプリカ製作や恐竜骨格の組み上げなどで普段からお世話になっている業者さんの得意とするところなのでそこは問題ではなかったが、今回の作業の肝《きも》は3Dプリントにかかる時間と前後の処理をいかに素早く進められるかだった。さすがにぼくたちがこの作業ばかりに専念できるわけではないので、これまでにも

写真3-4　デジタルデータから作製したネオベナートルの全身骨格

化石発掘調査の手伝いなどをしていて顔見知りであった福井県立大学の学生をアルバイトとして雇うことにした。皆の頑張りのおかげで、ネオベナートルのプリントアウトは順調に進み、そして無事に特別展までにネオベナートルの全身骨格が組み上がった（写真3－4）。

イギリスでは縮小版ネオベナートルが出張に同行

ついに全身骨格を作ることができたことから、この特別展はネオベナートルをシンボルとして全面的に打ち出したものとなった。ネオベナートル以外にも貴重な標本を多く揃えることができたことから来場者は二六万人を超え、この数は福井県立恐竜博物館のこれまでの特別展の中で最高記録となっている。今回製作したネオベナートル骨格はその後も館内外の別の特別展で展示されており、今後も日本中を行脚《あんぎゃ》することとなりそうだ。

一方のワイト島では、デジタルデータをもとに縮小版ネオベナートルの全身骨格が新たに作られた。ダイナソー・アイルでは、自館以外でも様々なところで出張展示などの普及活動をしているが、この小型ネオベナートルは出張に同行し、「恐竜島」の知名度アップに貢献しているらしい。

ネオベナートルの骨格のデジタルデータ化というプロジェクトは、福井とワイト島との交友を深めるきっかけとなった。また、ネオベナートルのデジタルデータによって借りる側だけでなく、貸す側の博物館、地域にも継続的な恩恵をもたらした。本来なら、借りた標本は、展示終了後には返却してそれでおしまいとなるところ、デジタルデータ作成によって、一つの展示だけで終わらない新しい効果が生み出されたのだ。

第四章

生ける恐竜「ニワトリ」の脳の成長を観察する

非鳥類型恐竜＝恐竜

本章の主人公はニワトリだ。「えっ？　ニワトリ？　恐竜の話じゃなくて？」と驚く人もいるだろう。だが、この身近な動物には、恐竜につながる魅力が秘められている。

「鳥は恐竜の生き残り」「その辺りにいるハトも恐竜」というようなことを聞いたことがある人もいるだろう。実際、第一章でも簡単にそのようなことに触れた。それでも、初めて聞く人にとっては「鳥は恐竜」とはやはり信じられないだろう。しかし、ぼくたちがイメージするいわゆる〝恐竜〟から鳥が派生したことは、系統進化の研究では当たり前のことである。生物の進化と系統の関係性を表す分岐図（図4-1）を見れば、爬虫類という枝の塊の中に恐竜の枝が含まれ、そして恐竜の枝に鳥類の枝が含まれる。進化の分岐図上では鳥類は恐竜に完全に含まれ、「鳥類は恐竜」になるのだ。そうすると、単に「恐竜」というとそこには鳥類も含まれることになり、いわゆる〝恐竜〟を鳥類と分けて呼びたい時は、「非鳥類型恐竜」というなんともよくわからない名前で呼ばなければならない。

専門家の論文などでは「非鳥類型恐竜」といった表現が多用されるが、これは世間一般がイメージする〝恐竜〟のことだ。それなら、恐竜と鳥類とを分けて考えればすっきりす

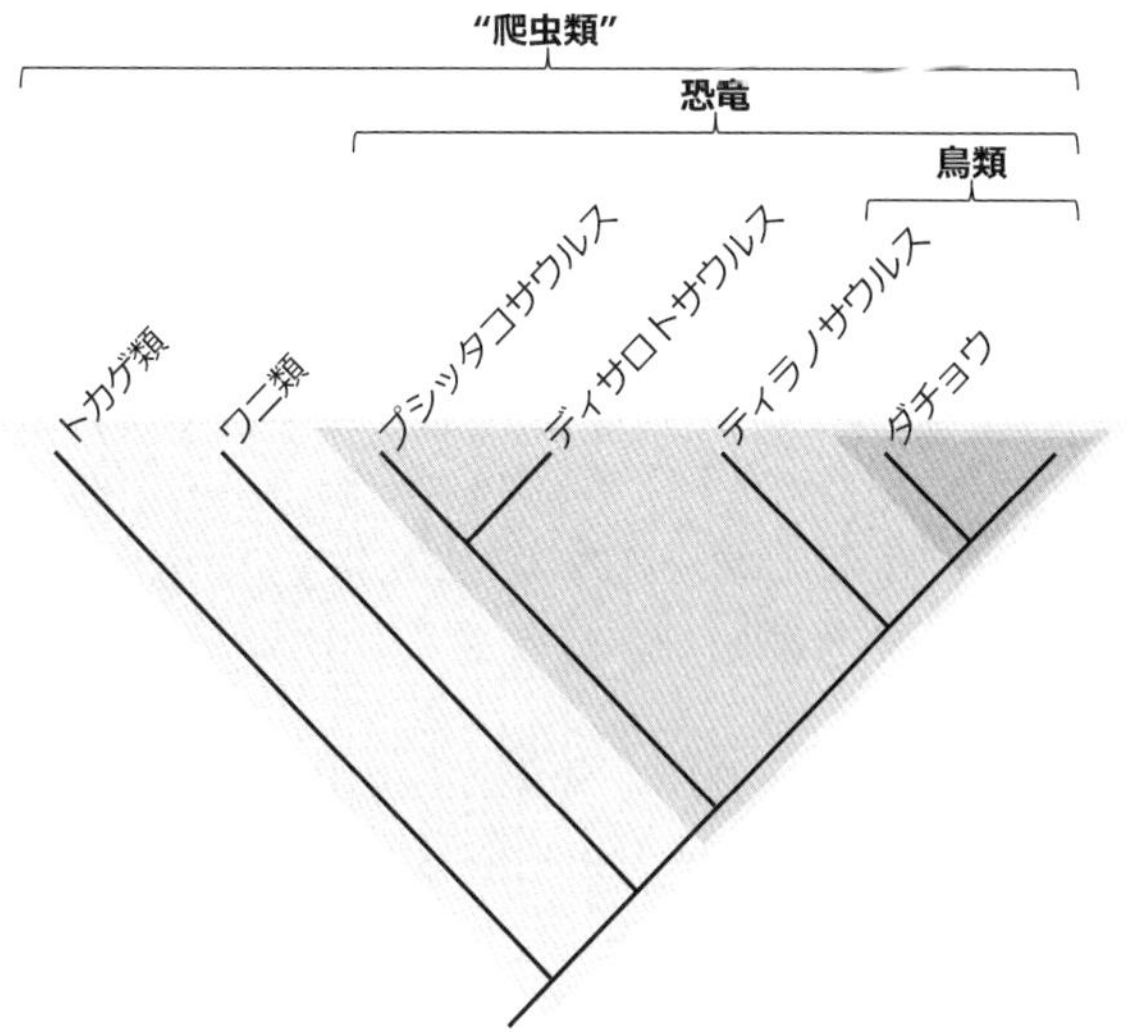

図4-1　鳥類・恐竜・爬虫類の系統関係を表した分岐図

るが、分岐学を重視する傾向にある恐竜研究の分野では、このような厳密な呼び分けがなされている。しかし、従来の生物学の分類では鳥類と爬虫類は区分されていたので（実際の進化では、確かに爬虫類から鳥類が生まれたのだが）、鳥類が恐竜に含まれるという話が一般にはまだしっくりこないのだ。そのため本書では一貫していわゆる〝恐竜〟を単に恐竜と呼び、鳥類と区別していた。

鳥は恐竜!?

ただ生物の進化を紐《ひも》解《と》くことで、

恐竜から鳥類が派生したことは揺るぎない事実としてわかっている。すべての鳥類は、ジュラ紀に生きていた羽毛を生やした小型肉食恐竜の生き残りだ。今の鳥類は現在も生き残っている恐竜と言っても決して過言ではないのだ。

というわけで、恐竜についてより詳しく知るには、鳥類のことを深く理解しなければならないことになる。恐竜の化石に残されている情報は非常に限定的で、そこから得られる知見は極めて少ない。滅んでしまった恐竜とは違い、鳥類は生きている。情報のよりどころを骨だけに絞る必要はなく、羽毛や内臓、脳など、そしてＤＮＡを利用することができる。遺伝情報や軟組織については、化石から得られることはほとんど期待できないので、このようなデータを取り扱えることは、生きている動物を研究する大きな利点である。

ぼくは恐竜の脳について何か明らかにできないかと考えて研究を始めたが、現在の鳥類の脳を重点的に研究対象とするようになった。恐竜の脳を手にすることは決してできないが、鳥類の脳なら比較的簡単に手にすることができ、そこには計り知れない情報が記録されているのだ。このようになった理由は、先に書いたように現生動物から得られる圧倒的な情報量に魅力を感じ、そしてまだそこには知られていない謎が数多くあることがわかってきたからだ。

赤ちゃんと大人の形の違い

ぼくたち古生物学者は、化石として残された骨の形の持つ意味、意義、その形となった進化の歴史、成長の過程でどのような形の変化が見られるのかなどを解き明かしたいという欲求に駆られる。体の形は、もちろん種間でも異なるが、同種内であっても性差や個体差もあり様々だ。そして成長段階の違いによっても大きく異なる。種間の形の違いについては、多くの研究者が注目するところだが、実は成長によってその形がどのように変化するのか詳しく知られていないという例が現生動物にも多くあるのだ。

成長に伴って体の形がどのように変化するのかなど、普段の生活で気にすることもないだろう。考えてみると、ヒトの赤ちゃんと大人の体格、すなわち骨の形の違いは、まるで同じ種の動物とは思えないほどのものだ。ざっくり見ても、子どもは相対的に頭が大きく、手足が短いという違いがわかる。ヒトのように生きている動物であれば、成長の過程を見ることもできるし、親子で生活している様子を観察することもでき、明らかに形の異なる子どもと成体であっても、それが同種であるとわかり、成長に伴う変化も知ることができる。しかしこれが絶滅動物の場合、つまり化石の骨しか見ることができない状況だったとしたらどうだろう。

恐竜の成長過程を追おうとすると、子どもから成体までの多くの化石が必要となる。しかし恐竜の場合、一種につき一標本しか見つかっていないということはざらにある。しかもその標本は断片的なことも多々ある。そのため、例えば集団で死んだ恐竜化石群といった例外を除けば、成長するにつれてどのように体格などが変化していったのかということはほとんど明らかにできていない。ましてや、ぼくが専門としている脳については何もわかっていないに等しい。そこで、現生動物での変化パターンを参照することで、恐竜の成長に伴う形の変化をある程度推定すればよいという考えがあがってくる。もちろんここで参照する動物の一つが鳥類だ。

生きたままで脳を調べるには？

ここまで、体全体の形という大きなくくりの中で話をしてきたが、成長に伴う体格の変化などはさすがにある程度の鳥類でも研究されている。しかし、これが脳の形となると、鳥の種を問わずほとんど研究されていなかった。特に孵化《ふか》後の形態変化に注目した研究者は全くいないという状況だった。

そうなると自分自身で鳥の脳を調べる必要が出てくる。真っ先にその調査対象として思い浮かんだのがニワトリだ。ニワトリは、簡単に受精卵を手に入れることができ、その成長の様子を細かく観察することができる最も身近な生ける恐竜だからだ。

では生きたニワトリの脳を観察するにはどのような手法を用いればよいのだろうか。今回は成長を追って、その形の変化を調べることが目的だ。そのため、死んだニワトリを用いるわけにはいかない。ヒヨコから成鳥にまで育てて、適宜データをとる必要があるので、生きた状態で脳やその内部の様子を知る必要がある。

体の内部を見るには本書でも何度か登場したCTスキャンの技術を使えばよいのではと思うだろう。しかし、これは脳を見るには適していない。そこで用いたのがMRI（核磁気共鳴画像法）だ。

MRIとは

第二章でＣＴスキャンの仕組みを説明したが、そこでＭＲＩはＣＴスキャンとは似て非なるものだと述べた。両方とも撮影後に出力される輪切り画像は白黒で、ぱっと見ても違いがあるように感じられないだろう。また、病院にある双方を見ても、穴が開いた大きなマシーン、その中に横たわるためのベッドと、その構造も一見そっくりだ。そのため、多くの人はＭＲＩとＣＴスキャンの違いを気にしたこともないだろうが、得られる画像は全く異なる。ＭＲＩは体の中にある水素の原子核（すなわち水素の場合は陽子、水素イオン）の挙動を画像化するもので、Ｘ線の透過具合の違いを画像化するＣＴスキャンとは見ているものが違う。

物質を構成している最小単位が原子だと学校で習うが、原子は原子核と電子とに分けられ、さらに原子核は陽子と中性子からなる。陽子は正の電荷を持っていて、水素の場合は$^{1}H^{+}$などと表記される。体内にある水分（H_2O）の中にある水素の陽子は、地球のように自転していて、その回転軸は普通なら体の中でそれぞれいろいろな方向を向いている。しかし体を強い磁場の中に入れると、この回転軸が磁場の向きに揃う。だが、それは軸を中心

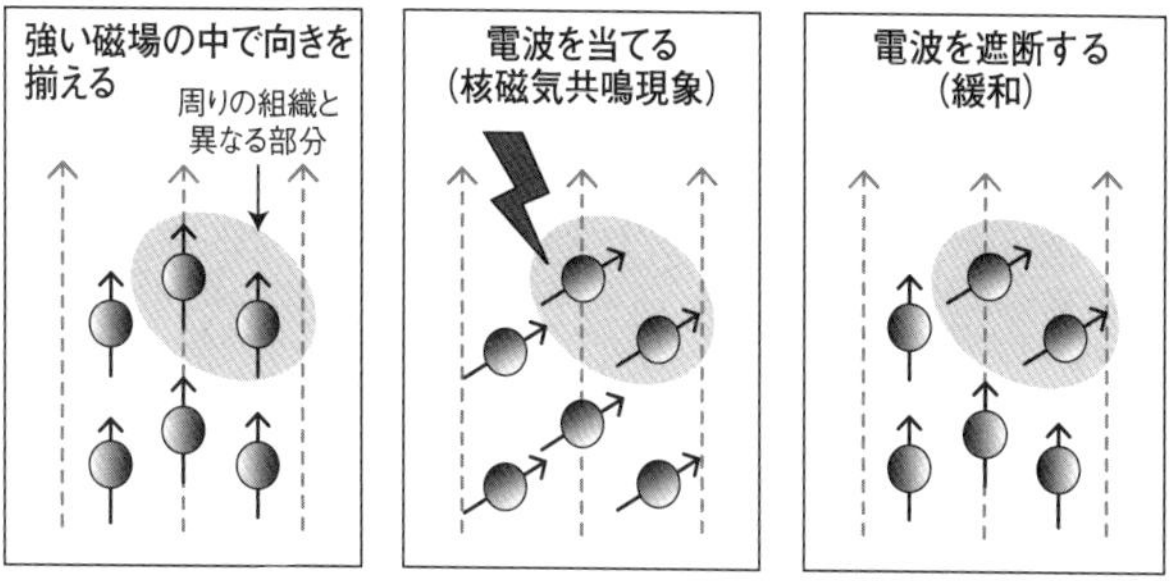

図4-2　陽子の磁場の向きの変化

にまっすぐ回転しているわけではなく、不安定な状態のコマが右に左に揺れながら回転しているような状態で、このふらつきは陽子によってまちまちのままだ。そこにある周波数の電波を当て、陽子の回転にエネルギーを与える。そうすると、回転のふらつき具合までも揃い、一定方向に大きな磁化が発生する。これが核磁気共鳴現象だ。この状態でさらに電波を遮断すると、陽子の回転のふらつきや回転軸はばらばらに戻る。このばらばらの状態に戻ることで磁化が弱くなるが、これを「緩和」という。この緩和の速さは体の中の組織によって異なるので、このような差がＭＲＩの白黒画像のコントラストに反映されている（図４－２）。これがＭＲＩ装置とそれで撮影されている動物の体の中で起こっていることだ。体育館で自由気ままに動き回っている子どもたちに、先生が集合の号令をかけて整列させた状態から、先生がその場からいなくなり自由な環境に戻るまでの速さは、クラスや学年によって違っているというようなシチュエーションを想定してみるとよいかもしれない。

水が含まれているものを写すMRI

ＭＲＩ装置は強力な磁場を発生させるので、金属が装置に向かって飛んでいく恐れがあり、眼鏡やヘアピンですら、検査室に持ち込むことはできない。また化粧や入れ墨などは顔料に含まれる金属成分により火傷《やけど》などを引き起こしかねない。撮影の際には大きな音が鳴り響く。しかし、Ｘ線などを発することはないので被曝の心配は全くない。

このように、ＭＲＩとＸ線を用いて体の中の密度の違いを見るＣＴスキャンとは原理や見ているものが全く異なるのだ。ＭＲＩは水素の陽子の挙動を画像化して見るもので、その水素は水由来である。そのため、ＭＲＩ撮影では水が含まれているものしか基本的に写らないと考えてよい。つまり、脳や筋、内臓などの軟組織はよく見えるが、骨はＭＲＩではあまり見えない。ＣＴスキャンでは骨がよく見え、脳の内部の構造などがほとんど見えないのとは対照的だ。

ヒナを育てながら実験

この実験は、受精卵を入手し、それを孵卵、孵化させるところから始めた。当時大学院生だったぼくは、愛媛大学医学部の松田正司先生はじめ多くの先生やスタッフの皆さんの力を借りた。ニワトリの飼育実験を常に行っているようなラボであれば、孵卵器を用いてわりと簡単に孵化までもっていくことができる。しかし、ぼくが使わせてもらった施設では、ニワトリなどの鳥を用いた実験はやめてしまっていたため、孵卵、飼育実験に必要な器具は全くなかったのだ。そのため、孵卵から孵化、飼育はすべて一つずつ手作業で行った。

孵化してからの二カ月弱、毎日五〇羽近くのヒナたちに餌と水をやり、掃除をしつつその合間にMRI撮影を行うという日々を送った。ちなみに用いたMRI装置は、病院で見かけるヒト用のものではなく、小動物専用のものだ。ヒト用のものと比べると随分と小型で、形もかなり違う。

ぼくがケージに手を入れると決まって隅の方に逃げていくもの、目の色を変えてぼくの手に飛びかかってくるものなど、何十羽という鳥の中にそれぞれの個性が見えてくる。毎回飛びかかってくるヒヨコの顔はあれから一〇年経った今でも忘れていない。このヒヨコの識別のためのIDは「N」だったことも覚えている。このような地味な作業とMRI装置のおかげで、これまでに誰も見たことのない面白いMRIデータを得ることができた。同じニワトリの脳が成長するにつれてどのように変化するのかを捉えた膨大なデータだ。

MRI撮影の後はひたすらパソコンで画像処理を行い、脳の三次元デジタルモデルを作成し続けた（図4－3）。このデジタルモデルを計測していくことで、成長するにつれてニワトリの脳がどのように変化するのか統計学的に明らかにすることができる。

脳は小さな鳥では丸くなる

解析の結果、ヒヨコの頃の脳は丸っこく、脳の後方はやや下向きだが、成鳥では脳は細長くなり、その後方は下向きから後ろ向きへと変化することがわかった（図4－4）。ヒヨコは成鳥と比べると頭全体の形も丸っこいことからも、この結果は納得のいくものだった。

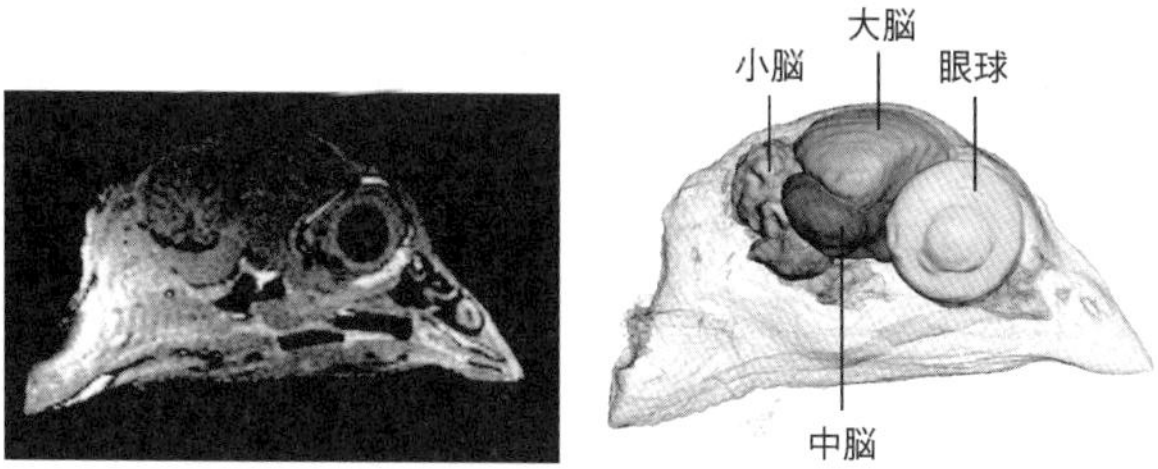

図4-3 MRI画像とそれをもとに作成したヒヨコ頭部のデジタルモデル

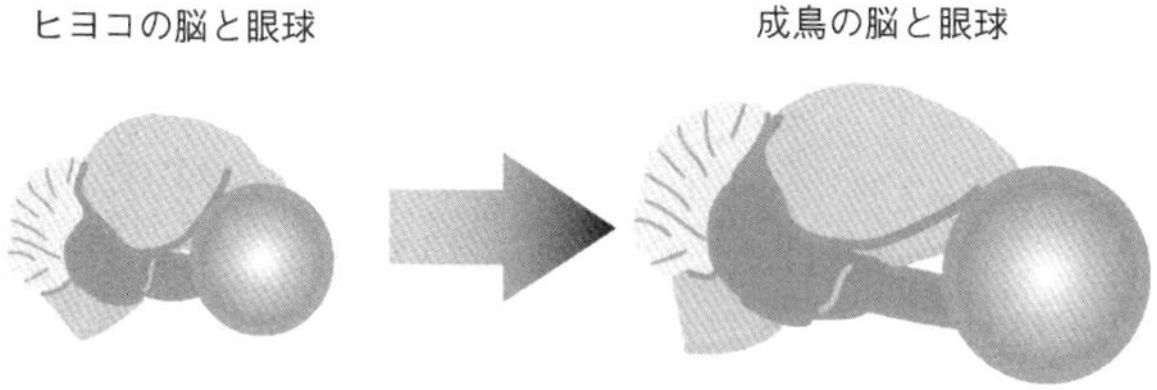

図4-4 ニワトリの脳の成長に伴う形の変化

また、ぼくがこの研究に先んじて行っていた鳥類の脳についての全般的な研究で、小さな鳥の脳は大きな鳥のものよりも丸っこいという結論が得られていたが、これとも整合する結果だ。そしてこの傾向は、絶滅した恐竜でもある程度似たものだったということが想像できる。

さらに、この実験は単に成長によって脳の形がどのように変わるのかを捉えただけではなく、鳥類の脳の形作りにはその鳥の大きさが大きく関わっていることを明らかにしたという点で意義があった。特定の動物種内で見られる限られた条件下での情報も重要であるが、動物全般に普遍的に見られる何かしらの法則性を導き出すことは、多くの動物の体づくりの理解につながり、それは絶滅動物にも同様に用いることのできる規則性となり得る。古生物学者にとって、現生動物から普遍的法則性を導き出すという行為は極めて重要なのだ。

恐竜の脳の成長も見えてくる

ニワトリの脳の形が成長に伴ってどのように変化するのかがわかった。ではこのことが

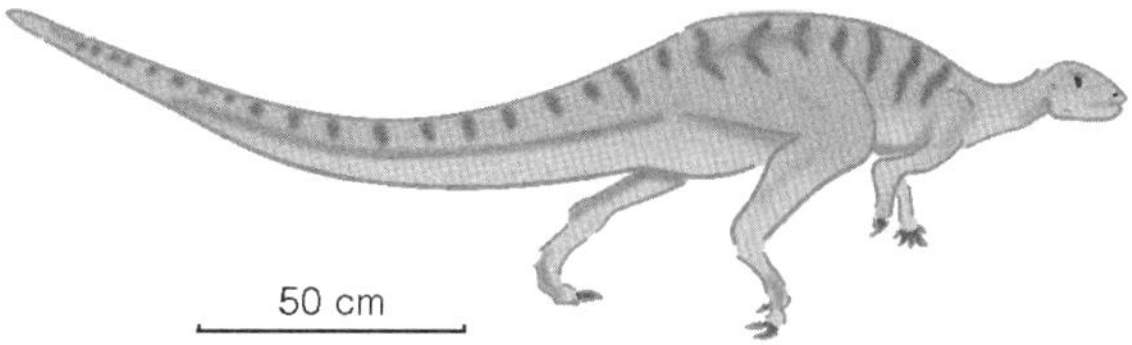

図4-5　ディサロトサウルス

恐竜をより深く理解するうえでどのように役立つのだろうか。ぼくがニワトリのＭＲＩ撮影を行った翌年、二〇一一年に、ある恐竜の子どもと成体の両方の脳の形を明らかにした論文が発表された。その恐竜はディサロトサウルスという原始的なイグアノドン類で、全長二メートル強の小型の草食恐竜だ（図4-5）。タンザニアでかなり多くの骨がまとまって見つかっていて、これらの化石は大量死した群れの一部だったとも考えられている。そのため、子どもと成体との比較もできるのだ。例えば頭骨は成長とともにその鼻先が長くなり、一方で眼窩《がんか》は相対的に小さくなるということが明らかにされている。

ディサロトサウルスの頭骨をＣＴスキャンにかけて、脳や内耳が収まっていた空洞を可視化し、それを解析した研究がある。用いられた標本の年齢は三〜四歳と、一二〜一三歳のものだ。この研究から、ディサロトサウルスは成長に伴い、脳前方にある嗅覚

図4-6　ディサロトサウルスの脳の成長に伴う形の変化

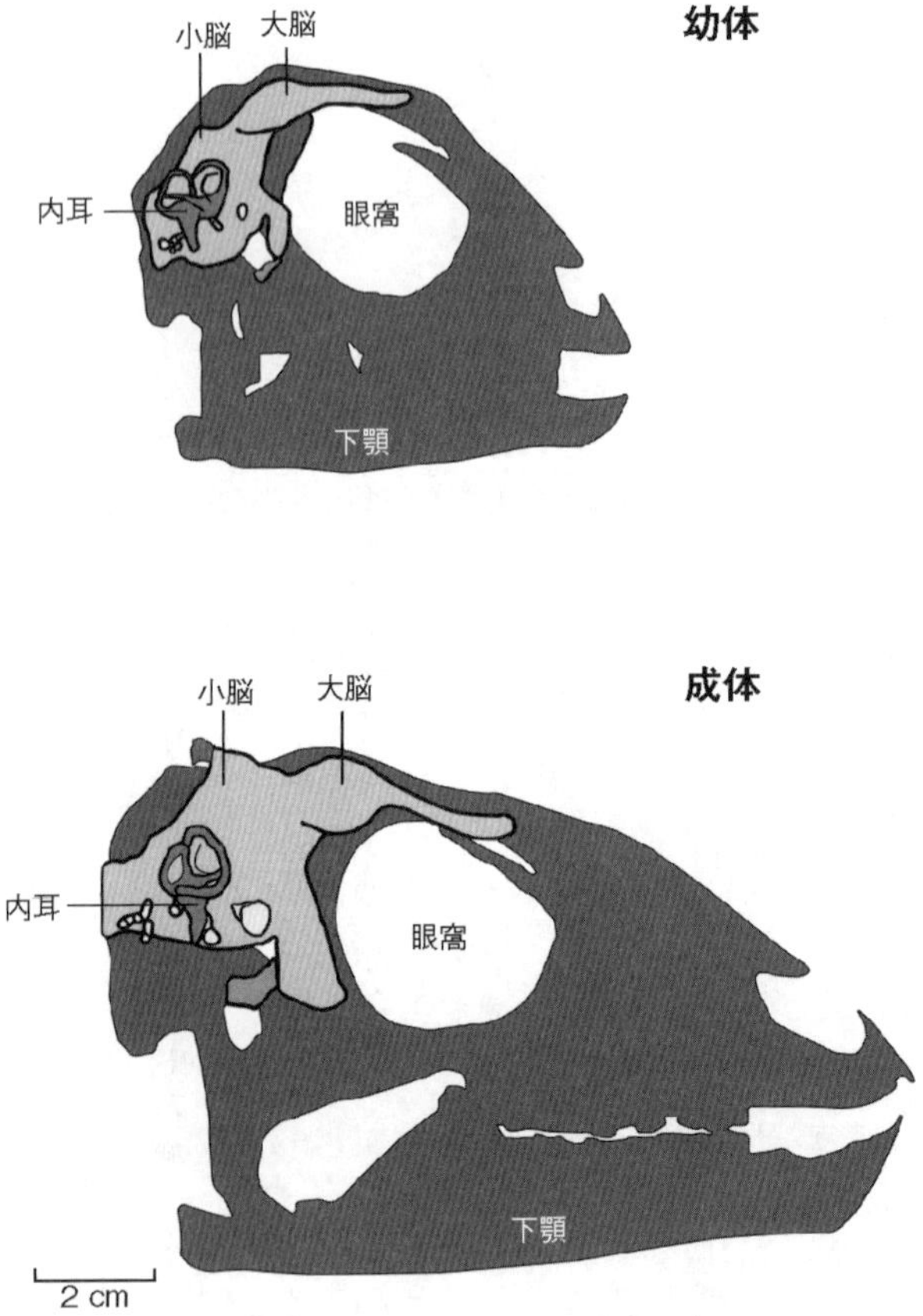

情報を処理する領域がより前方に伸び、脳全体がまっすぐな形状となり、相対的に小脳が大きくなるといった変化を遂げたことが明らかにされている（図4－6）。

この後も少しずつ成長と脳の形の関係が明らかになった恐竜が増えている。例えばプシッタコサウルスという原始的角竜《つのりゅう》類がその一つだ。これもディサロトサウルスのように集団で化石が見つかることがよくある恐竜だ（写真4－1）。ディサロトサウルスとプシッタコサウルスは決して近縁な恐竜とは言えないが、それでもそれらの幼体から成体へ成長する過程の脳の形の変化を見ると、ニワトリの成長過程で見られる傾向と概ね一致する。つまり、大きくなるにつれて、前後に長くなり、伸びたような形へ変化するということだ。

ぼくの研究ではニワトリから恐竜の脳の成長様式を推定することができたが、さらにその推定が正しそうだということが実際の恐竜化石の研究によって示されたのだ。このように、ニワトリなどの生きている鳥類、すなわち生ける恐竜の脳などの組織を詳細に解析することは、恐竜の成長や生理、生態を理解するうえで貴重な情報をもたらすということがわかったと思う。そして、現生動物の脳などの組織を三次元的に解析するにはＭＲＩが欠かせず、ニワトリの脳の研究ではこのマシーンの利点がフルに活かされたのだ。

残された課題

鳥類は大きく早成鳥《そうせい》と晩成鳥《ばんせい》とに分けられる。これは成長様式の違いによる区別だ。早成鳥は孵化後、親の世話をあまり必要とせず、すぐに自力で動き回れる鳥たちだ。一方の晩成鳥は孵化後にまだ目が開いていなかったり、親から餌をもらわなければならなかったりと、親からの世話をかなり必要とする鳥たちだ。

ヒヨコが孵化直後に元気よく歩いているように、ニワトリは早成鳥だ。早成鳥には、カモ類やダチョウ、ニワトリの仲間であるキジ類などが含まれる。今回、ぼくが「鳥の脳の成長を見た」といっても、それは早成鳥のことで、晩成鳥についてはまだ調べていない。晩成鳥にはかなり多くの鳥が含まれ、水鳥類やインコ類、タカ類、フクロウ類、そしてスズメ目などだ。現在生きている鳥類約一万種のうち六〇〇〇種近くはスズメ目に含まれるので、それだけでも晩成鳥が圧倒的に多いということがわかる。

さて、恐竜はどちらのタイプだったのだろうか。卵化石の研究などから、ほとんどの恐竜が早成型だったことがわかっている。そのため、恐竜について知るのなら、早成鳥だけを調べればよいのかもしれない。しかし、晩成鳥の脳の形の変化パターンも明らかにでき

写真4-1　プシッタコサウルス　群れで暮らしていたと考えられている（著者撮影）

れば、恐竜から鳥類への進化で、なぜ晩成性という成長の仕方が獲得されたのかという大きな謎の解明にも一歩迫れるかもしれない。

それに、早成鳥を調べたぼくにとって、もう一方の晩成鳥を気にするなという方が無理な話だ。この一〇年来ずっとカラスなどの脳の成長も研究したいと思い続けていた。

長らく晩成鳥の研究に着手できずにいたが、ついに二〇二〇年、ぼくの研究室に所属する学生がこのテーマに興味を持ち、研究をスタートさせた。きっと近い将来、晩成鳥の脳についても明らかにできるだろう。

第五章　原始的な鳥類「フクイプテリクス」

化石のクリーニング

生物、恐竜の研究と聞くと皆さんは、化石の発掘をイメージするのではないだろうか。絶滅した動物について知るには、地層から掘り出されてきた化石を研究することが極めて重要であることは自明の理だ。

化石は多くの場合、硬い岩石の中にある。ぼくたち研究者は、様々な手法を使って岩石の中から化石を取り出すが、このような作業を一般的にクリーニングと呼ぶ。通常はハンマーとタガネを使って岩石を割って化石をクリーニングしていくのだが、いつもそう簡単とは限らない。岩石と化石は違う物質なので、ある程度剥離《はくり》することはできるが、化石の細かな部分には岩石がひっついていることも多い。このような細かな岩石を取り除く場合、圧縮された空気の力を使って作動するエアツールの一種であるエアチゼルなどを使って、化石の周りの岩石を少しずつ削る。エアツールの見た目から、歯医者さんで使うドリルをイメージされがちだが、あまりドリルを使うことはない。ぼくたちが握っているツールは、回転式のドリルではなく、針先の振動によって岩石を弾き飛ばしているものだ。そこまで硬くない岩石であればアートナイフを使うこともあるし、水洗いだけでクリーニングが完了してしまうようなこともある。

岩石から取り出せない化石をどうすればいいのか？

いずれにせよ、岩石の中から化石を取り出すという作業は絶滅動物の研究の第一歩であり、またそれは時として高い技術を必要とする。しかし、どんなに素晴らしい技術と経験を持っている人でも、どうしても取り出すことのできない化石というものが存在する。動物の骨が堆積物の中に埋没してから化石になるまでの非常に長い年月の間に、その化石を取り囲む岩石の成分と化石の成分が似てしまい、化石と岩石の境界が曖昧になってしまったものだ。このような場合、物理的に石を削るクリーニングを進めることが困難だ。従来ならば、化石を傷つけてしまうことを恐れてここであきらめてしまう。しかしそうなると、表出している部分の化石からしか情報を得ることができず、ましてやその奥に存在する化石からは全く情報を得ることができない。

しかし、最近ではCTスキャンの技術を用いることで、デジタル上で化石の抽出を行うことが可能になってきている。本章ではデジタル・クリーニングによってその全貌が明らかになった絶滅動物の例を紹介したいと思う。

驚異的な保存状態の鳥類化石だけど……

ＣＴスキャンによる物質の輪切り画像、すなわちＣＴ画像は、物体の密度の違いを可視化したものだ。僅かにでも物質の密度に違いがあれば、それは白黒のＣＴ画像に濃淡の違いとして映し出される。化石とそれを取り囲む岩石は多少なりとも密度が異なるので、ＣＴ画像を見ると岩石と化石の境界を認識できる。膨大な数のＣＴ画像データに現れた境界線を追跡していくことで、最終的にデジタル上で化石と岩石とを分離することができる。このような作業によって、岩石の中に埋まっている化石をデジタル上で取り出し組み上げられた絶滅動物の一つが、福井県で見つかった原始的な鳥類フクイプテリクス・プリマだ（写真５－１）。

この化石は、二〇一三年に福井県勝山市北谷《きただに》の発掘現場で見つかったものだ。ここには前期白亜紀に形成された地層が分布していて、フクイベナートルをはじめ多くの恐竜化石が見つかっている、恐竜王国福井を支えている本丸のようなところだ。

写真5-1　フクイプテリクスの全身骨格CGモデル（左）と生態復元CGモデル（右：神戸芸術工科大学吉田雅則准教授制作）

二〇一三年というと、ぼくは岐阜県博物館で学芸員として働いていて、共同調査の打ち合わせのためにその年の初秋に福井県立恐竜博物館の東特別館長のもとを訪ねていた。この共同調査の打ち合わせが早々に終わり、恐竜フクイベナートルの頭骨をスキャンしたCTデータの処理を託され、それによりぼくの研究人生が大きく変わったという話は第一章に記した通りだ。実はこの時、東特別館長の研究室の片隅に岩石の塊があるのを目にした。そこには小さく繊細な骨化石が数多く含まれていた。ぼくにはどう見ても鳥の化石にしか思えず、また岩石の様子などから白亜紀のものだろうということも推察できた。もしかして福井県から前期白亜紀の鳥の化石が見つかっているのか、もしそうならすごいことだと内心思いながら、東特別館長に

「これは鳥ですか」と聞いたのだ。この問いに対して東特別館長は少し驚いたような感じも見せながらうれしそうに「そうだよ」と答えた。この化石がぼくたちの研究によって六年後にフクイプテリクス・プリマと名付けられる前期白亜紀の鳥類化石の標本だったのだ。

前期白亜紀というと、最古の鳥類である始祖鳥《しそちょう》が登場した後期ジュラ紀の直後の時代。つまり、まだ鳥類が誕生して間もない頃だ。この時代に生きていた鳥類の化石は、中国やスペイン、ブラジルからいくらか見つかっているが、いずれも骨は三次元的に保存されてはおらず、押し花のように平べったい状態のものばかりだ。一方で、フクイプテリクスは骨の本来の形をほとんど保った状態で見つかっていて、骨格の三次元情報を詳細に得られるポテンシャルを持った標本といえる。しかも全身の骨の大部分がまとまって見つかっていることから、その鳥の姿の全貌をも明らかにできる可能性があったのだ。

ただし、困ったことに途中からほとんどクリーニングができなくなってしまった。ある程度、化石の全体像が見えるところまでは岩石を削ることができたものの、削っていくにつれて化石と岩石との境界が曖昧な領域が増えていき、骨を岩石中から取り出すということが不可能になったのだ。ほぼ全身骨格が、しかも三次元的に保存されているということ

写真5-2　フクイプテリクスの化石の様子

は一目瞭然なのに、表面以外の部分は全く観察できないというもどかしい状態で作業は膠着《こうちゃく》した（写真5－2）。そこで、ぼくたちはＣＴスキャンの力を借りることにした。

一度目のCTスキャン

まずは恐竜博物館にある工業用ＣＴスキャナーを用いた。このＣＴスキャナーは第一章で登場したものだ。医療用のＣＴスキャナーは、患者を被曝させないためにＸ線の強度や量が抑えられる構造になっているが、工業用ＣＴスキャナーは検査対象物の被曝を心配する必要がないので強力なＸ線を長時間当て続けることができる。弱い光よりも強い光の方が物体を通り抜けやすいのと同じで、

X線も強力なほど硬い岩石や金属を透過し、その内部の構造を見ることができるのだ。必ずしも強いX線でないと岩石や化石の内部を見ることができないというわけではないが、検査対象物が大きければ大きいほど強いX線でないと透過しないということもあり、硬くて大きな岩石、化石を扱うには工業用CTスキャナーは欠かせない機器だ。

CTスキャンの結果はまずまずのもので、表面に見えている骨が岩石の内部にどれだけ存在しているかなどを確認することができた。また、岩石中にすっぽり埋まっていて表面には見えていない骨もいくつかあることもわかった。

そこでコンピューターを用いてざっと骨化石だけをデジタル上で取り出し、可視化することを試みた。コンピューターで作業をすると聞くと、簡単にデジタル・クリーニングができると思うだろう。しかし、場合によっては相当な労力を必要とする。なぜなら、物理的なクリーニングができないような標本は、そもそも化石の部分と岩石の部分の成分が似ているため（つまり両者の密度差が少なくなっている）、CTスキャンをしても明瞭に化石と岩石の境界が見えないためだ。フクイプテリクスの場合もその例にもれず、すべての境界を追跡するのはなかなか厳しかった。あともう少し白黒の濃淡が出ていれば、画像の解像度が高ければといったような、あと一歩何かが届かないというもどかしさが続き、結局はこの段階ではかなり粗いデジタル・クリーニングを行っただけにとどまった。

化石が含まれている岩石を切断する

フクイプテリクスの骨の様子があまりよく見えなかったもう一つの原因に、岩石の大きさもある。大きな物体よりも小さな物体の方が光は通りやすいのと同じで、X線も小さい物体の方がより透過しやすくなるのは前述の通り。このCTスキャンを行った時の岩石は、おおよそ二〇センチ四方の大きさだったが、CTスキャンの性能をより発揮するにはもっと小さいサイズである必要があるのだ。そこでぼくたちは、この岩塊をいくつかのパーツに切断することにした。サイズを小さくすれば、より高精度での解析ができるCTスキャナーに入れることができ、より高解像度のCT画像を手にすることができる可能性があるからだ。

幸い、最初のCTスキャンで岩石の中にどのような骨がどのように存在しているかはざっと観察することができていたので、その情報を信じて、化石が埋まっている部分を避け

写真5-3　切断後のフクイプテリクス化石が含まれる岩石の様子

ながら大型の岩石カッターを使って化石の埋まっている岩を切っていったのが二〇一六年の頃（**写真5－3**）。といっても、この切断作業は恐竜博物館で化石クリーニングを担当しているベテランスタッフにお願いをした。ぼくなら怖くて刃を当てることもできないだろうが、高い技術力を持つスタッフのおかげで難なく切断作業は完了した。

二度目のCTスキャン

　そして二〇一七年の春、今度はこれらの化石を兵庫県にある大型放射光施設SPring-8（公益財団法人高輝度光科学研究センター）という施設に持ち込んだ。SPring-8は兵庫県佐用《さよう》郡佐用町の播磨《はりま》科学公園都市にある世界最高性能の放射光（シンクロトロン）を生み出すことができる大型放射光施設で、施設本体は直径五〇〇メートルほどの円形をしている。放射光とは、細く強力な電磁波のことで、このような放射光を作るにはかなり大型の施設が必要となる。SPring-8では光の速さほどに加速した電子ビームを磁石で曲げて発生させた放射光を用いて様々な実験が行われているが、ぼくたちはこの放射光を使ったCTスキャン施設を使わせてもらった。放射光を用いたCTスキャンでは、一般的なCTスキャナーで用いられるX線とは異なり、検査対象物によってX線をチューニングすることが可能で、より鮮明なCT画像を得ることができる。

また、SPring-8のCTスキャナーではより細かな物質の違いも見分けることができる。医療用CTスキャナーの空間分解能、つまり近い距離にある二つの物体を二つのものとして区別することができる最小の距離は、一ミリメートル程度であることが多い。SPring-8のCTスキャナーは一マイクロメートルという非常に高い空間分解能を持っている。つまり医療用CTスキャンより一〇〇〇倍詳細なCT画像が得られるということだ。とても微細な構造も観察できるものと考えてもらえばよいだろう。ただし、この空間分解能を持つ

ＣＴスキャナーはそこまで珍しいものではないが、SPring-8では前述のようにＸ線の調整ができたり、Ｘ線の波動のずれを計測するような手法を用いることができたりと、一般的な工業用ＣＴスキャナーでは不可能な様々な調整や手法を使えるのが、この施設の魅力だろう。

SPring-8での作業は、厳密に作業時間が設定されている。ぼくたちが使える時間は七二時間だった。よいデータを得られるようにその限られた時間内に何度も撮影条件を変えながらＣＴスキャンを行った（実際は、一回の撮影に数時間程度かかり、待ち時間がかなり多かった）。その結果、化石と岩石の境界がわかりやすいデータを取得することができた。SPring-8の研究者の皆さんの力強いサポートがあったからこそ、ここまで素晴らしいデータに仕上げることができたのだ。

数万枚の画像から骨を取り出す

しかし、得られたデータは膨大で、それを処理するにはかなりの時間とコンピューターのスペックが必要だった。そのため、大容量のメモリを積んだコンピューターを新たに用

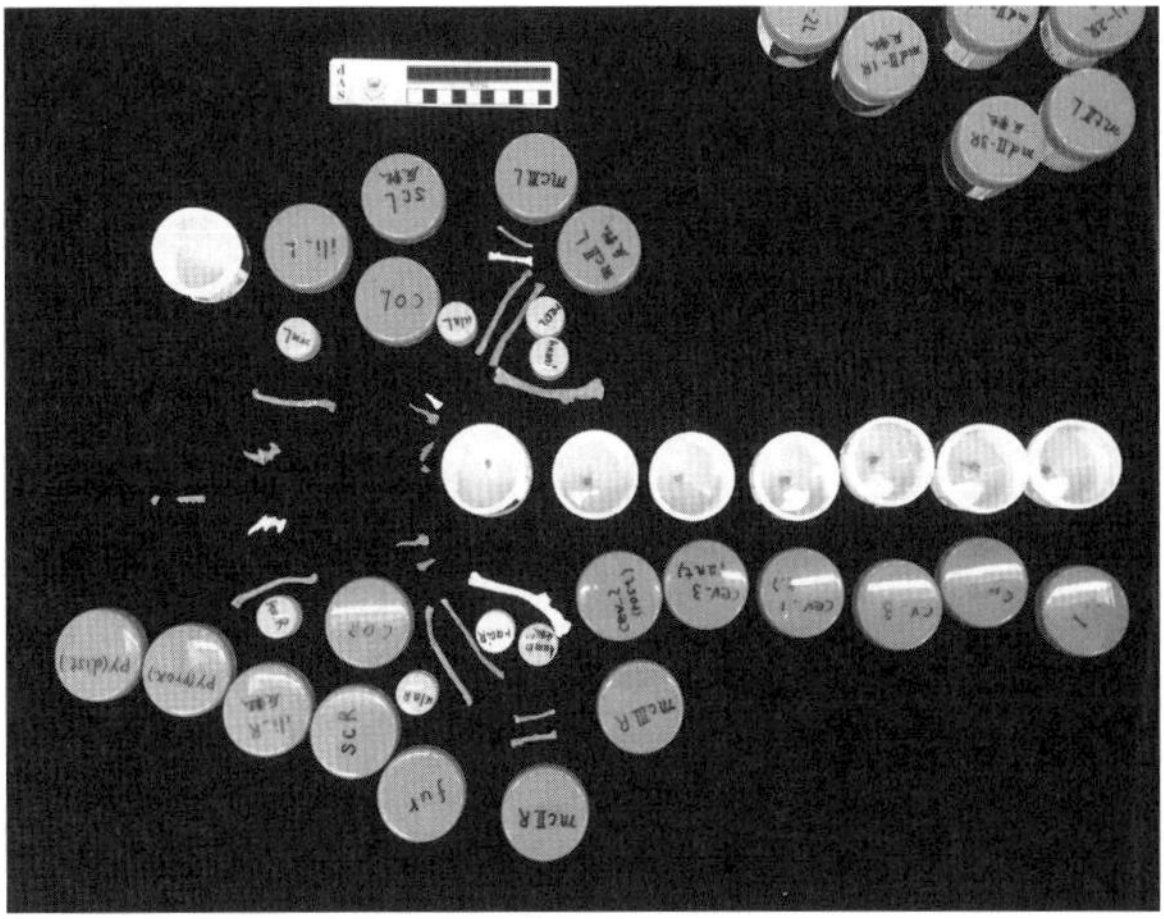

写真5-4　3Dプリントされたフクイプテリクスの各骨

意し、また画像処理のためのアルバイトを数名雇うことになった。そして、数万枚のCT画像をなんとか処理し、最終的にデジタル上で骨の抽出ができたのだ。

ぼくはCT画像を一枚一枚丁寧にデジタル処理することがかなり好きだ。小さな作業を進めていった結果、最終的に目の前にきれいな化石のデジタルモデルが広がると、本当に苦労が報われるようだし、今まで目にすることができていなかったものが目視できるようになる、その瞬間の喜びは何物にも代えがたい。

新種絶滅鳥類の発見

二〇一八年の春には、これらのデータを3Dプリンターで出力し実際に化石の骨格の組み上げも行い、あわせて詳細な研究を進めていった（写真5－4）。そのような作業の結果、二〇一九年に新種の絶滅鳥類として報告することができ、フクイプテリクスは鳥類としては始祖鳥に次ぐ原始的な種類であることを明らかにすることができた。実はフクイプテリクスの発見は、これまで考えられていた鳥類進化の流れの見直しを迫るものともなった。

進化につれ短くなった尾

現在の種を含む進化的な鳥類の尾の先は、尾椎《びつい》（背骨の中でも尾のところにある骨）がいくつか癒合して尾端骨《びたんこつ》というひと塊の骨を形成している。そして、今の鳥のものはかなり短い。それはそもそも尾椎の数が祖先である恐竜と比べると減少していて、さらにその先端が尾端骨となっているからだ。オナガドリやキジみたいに尻尾の長い鳥もいるじゃないかと言う人もいるかもしれない。確かに尾が長いように見えるが、これは尾の羽毛が長くなっているだけで、尾の中にある骨が長くなっているわけではない。羽毛や皮を剥いで、骨

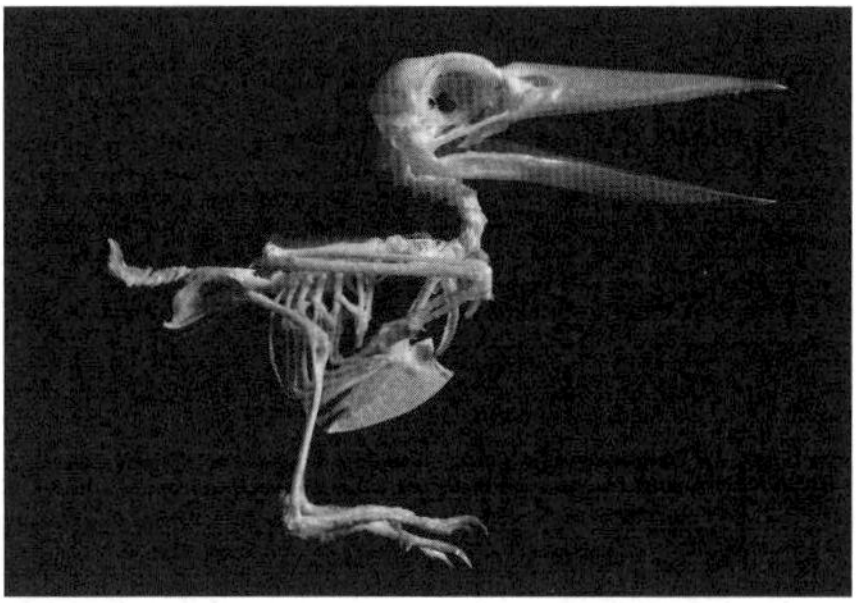

写真5-5　アカショウビンの骨格。現生鳥類は尾が短い

だけにしてしまえばすべての現生鳥類の尾が短いということはよくわかる（写真5－5）。

　一方で最古かつ最も原始的な鳥類である始祖鳥の尾は長い。それは多くの尾椎が連なった正真正銘の長い尾で、恐竜の尾とほとんど変わりない。また、中国で見つかった前期白亜紀のジェホロルニスといった原始的な鳥類でも、尾端骨は見られず尾椎はそれぞれ独立していて、恐竜の尾のようだ。

　尾が短くなり、その先端に尾端骨が見られはじめるのはこれらの種類よりも進化的な鳥類からで、孔子《こうし》鳥と呼ばれる前期白亜紀の鳥などがその初期の仲間だ。孔子鳥などから現在の鳥類まですべて、その尾の先には尾端骨があることから、始祖鳥やジェホロルニスなどよりも進化的な鳥類は尾端骨類という大きなグループにくくられると長年考えられている。実際、この尾端骨類の中で尾端骨がない長い尾を持つ鳥は見つかっていないので、このグループ分けは妥当なものだ。初期の鳥類は恐竜のように長い尾をしていて、より進化的なものは尾が短くなり、その先端に尾端骨が存在するようになったという鳥類の進化の流れがわかる。

その奇妙さは尾の先にあり

さて、フクイプテリクスに目を戻そう。前述の通り、フクイプテリクスの体中の様々な骨の特徴を調べ上げ、他の絶滅鳥類と比較を行い、その系統について解析した結果、この鳥は始祖鳥に次ぐ原始的なものであることがわかった。これはフクイプテリクスがジェホロルニスよりも原始的であるということを示している。尾端骨がなく長い尾をしているジェホロルニスよりも、尾端骨を備えた短い尾のフクイプテリクスの方が原始的というのは、これまで考えられてきた鳥類の進化の流れに合致しない。ジェホロルニスは尾端骨がないので、もちろん尾端骨類に含まれず尾端骨類よりも原始的な鳥だが、さらに原始的な鳥であるフクイプテリクスには進化的な特徴である尾端骨が見られるのだ（なんだか紛らわしいが）。つまり、これまでの考えでいう尾端骨類ではない原始的な鳥類に尾端骨があるということになる。これは、尾端骨の進化の理解を大きく改める必要性を示している。

尾端骨問題については様々な可能性が考えられる。例えば、ジェホロルニスなどが特異的に尾端骨を発達させていなかっただけで、実はフクイプテリクスの段階で基本的に鳥類は尾端骨を持つようになっていたとも考えられる。あるいは、フクイプテリクスが例外的に尾端骨類でないにもかかわらず、尾端骨を発達させたとも。

また別の可能性も考えられる。フクイプテリクスの左前腕の骨を切断しその断面構造を観察した結果、年輪構造が見られないことがわかっている。木の年輪同様に、骨の断面には年輪が形成されるので、この数を数えればその個体の年齢がおおよそわかる。フクイプテリクスに年輪がないということは、この個体は一歳未満で死んだ可能性が高く、完全には成鳥になっていなかったと見られる。成体でない個体の骨の特徴に基づいて系統解析をすると、正しい結果が得にくく、本来より原始的と見なされる傾向があるということがわかっている。そのため、そもそもフクイプテリクスの系統関係を見直す必要があるのかもしれない。ただし、このフクイプテリクスについては成鳥ではないものの、骨の成長スピードがかなり緩やかになってきている個体であることもわかっていて、ほぼ成長しきっていると見なしてよい。そのため、この系統解析の結果が大きく違っているという可能性は低いだろう。

デジタルデータで展示も変わる

いずれにせよ、フクイプテリクスの発見により鳥類進化に対するぼくたちの理解は、アップデートされることになった。このような化石が日本から見つかるということだけでも驚くべきものではあるが、さらにはこの結果が最新のデジタル技術によって得られたものであるということも特筆すべき点だろう。しかし、このように様々なことが明らかにされている化石なのに、そのすべてはいまだ岩石の中に埋まっているのはなんだか面白い。どの骨一つも岩石から取り出されていないのだ。

岩石に埋もれたままのフクイプテリクスの化石はもちろん恐竜博物館で見ることができる。ただこれだけでは来館者にはフクイプテリクスの全体像を把握しにくい。そこで、デジタルデータを3Dプリンターで二倍の大きさで出力した全身骨格もあわせて展示している（**写真5－6**）。このようなこれまでとはひと味違った展示ができるようになったのも、

ＣＴスキャナーや３Ｄプリンターといったデジタル技術のおかげなのだ。

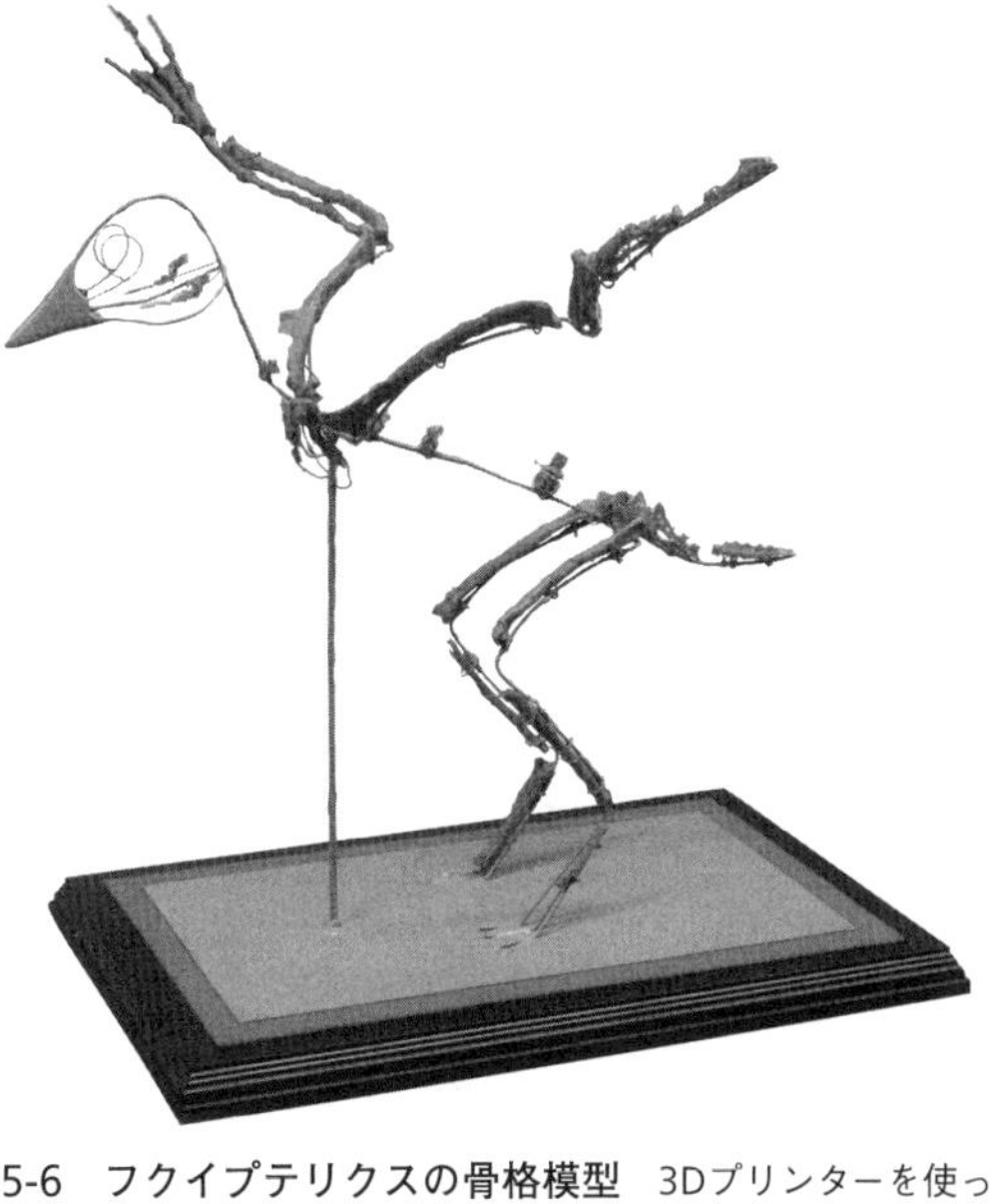

写真5-6　フクイプテリクスの骨格模型　3Dプリンターを使って作製した

第六章　恐竜の「失われたクチバシ」を作り出す

この世に存在しない生物の形？

こんな形の生物がいたら面白いな。あんな形に生物はなり得るのだろうか？　この生物が進化したらどのような形になるのだろうか？　この生物のご先祖様はどのような形をしていたのだろうか？　といったことが、ふと頭をよぎったことはないだろうか。この章では「実在しない生物の形」と「デジタル」についてお話ししたい。

何はともあれ、古生物を扱う分野では、「形」を重視する。なぜなら、基本的に過去の生物のことを知る手がかりは化石であり、化石に残されている情報の多くがその形だからだ。一つの化石の形だけでは情報量に限りがあるので、ぼくたち研究者は多くの化石や生物標本を見比べ計測することで、その生物の持つ形の意味について考える。見つかった化石が既存種なのか新種なのかを知るにも形の比較を行う。このように生物の形を計測し比較する「比較形態学」は、化石を研究するうえでは避けては通れないものだ。

形をどれだけ正確に定量的に捉えられるかは、ぼくたちの生物への理解の深さに直結する。そのため、本書ではこれまで、化石などの形をデータとして精密に取得できるデジタル技術について述べてきた。デジタル技術を用いた、恐竜をはじめとした古生物の研究は最近ではかなり一般的になってきていて、特にCTスキャナーやレーザースキャナーなどを用いることで、化石の形に関わる膨大な情報をデジタル的に取得できるようになった。しかし、いくら精度のよいデータを大量に集めたからといって、それだけで生物の形を理解できるわけではなく、何かしらの計測・比較を行うことが重要だ。そして、実在の化石の形だけを考えていてもわからないことが多くあることにも気づく。

理論形態で思考を巡らす

生物の形をどのように捉えて計測するかは、研究者が何を明らかにしたいかによって変わってくる。形の法則性などを見極めることは、その生物の成長や進化過程の解明へつながるが、この法則性を探る方法は様々だ。例えば、二枚貝の殻の高さ、長さ、厚さという三つの部位を計測するだけでも立派なデータとなる。さらに、この三つの計測部位（パラメータ）で貝殻の形状を表現すれば、それは貝殻形態の近似モデルであり、この貝殻の形を表す仮想的な直方体はすなわち理論形態と呼ばれる。「理論形態学」のはじめの一歩だ。

理論形態学とは生物の形を表す理論モデルを組み立て、生物の形の変化パターンやバリエーション、形作りのメカニズムを解き明かそうとする学問だ。形作りの法則を探るという行為は、実は古生物学全般の主要なテーマで、多くの古生物学者が興味を持っている。なぜなら、冒頭で述べた通り、古生物学者の扱うデータの多くは形だからだ。

この理論形態学とコンピューター、デジタル技術の相性はとてもよい。そのため、古生物学分野でコンピューターを使い始めたのは案外早かった。まずは、デジタルを用いた古生物学を語るうえで欠かせないアメリカの古生物学者デイヴィッド・ラウプ（一九三三〜二〇一五。**写真6‐1**）の研究を紐解《ひもと》くところから始めたい。

ラウプモデル

ラウプはシカゴのフィールド自然史博物館の地学部長やシカゴ大学教授を歴任し、多くの古生物学に関する研究を行った。中でもコンピューターを使って巻き貝の殻形態をシミュレーションで描いた、一九六二年に「サイエンス」誌に発表した研究は画期的なものだった。

ラウプは自動作図装置付きコンピューターを用いて、たった四つのパラメータの値を変化させることで、様々な形の巻き貝の殻形態を描画できることを示したのだ。巻き貝をはじめ貝類などの軟体動物の殻の多くは、基本的に成長に伴い、伸長し巻いていく円錐《えんすい》構造として捉えることができる。

ラウプはこの円錐の巻き方を定義するのに、円錐の伸長とともに、円錐の口（底面）がどれだけ大きくなるか（増大率）、巻き軸からどれだけ離れていくか（距離）、巻きの高さがどれだけ変わるか（変異率）、そして円錐の口の形を操作することで、実際の殻の形態を再現しただけでなく、現存しない形もぼくたちに提示した。この四つのパラメータで殻形態を近似するモデルは、今では「ラウプモデル」と呼ばれ、古生物学の分野では広く知られている。

写真6-1　デイヴィッド・ラウプ　Getty Images

このラウプモデルは生物の形の多様性の可能性を示す意味で重要だ。理論的に存在しうる生物学的形態が果たしてすべて出現しているかというと、そうではないことがわかるの

図6-1　ラウプモデルで描いた殻形態の例

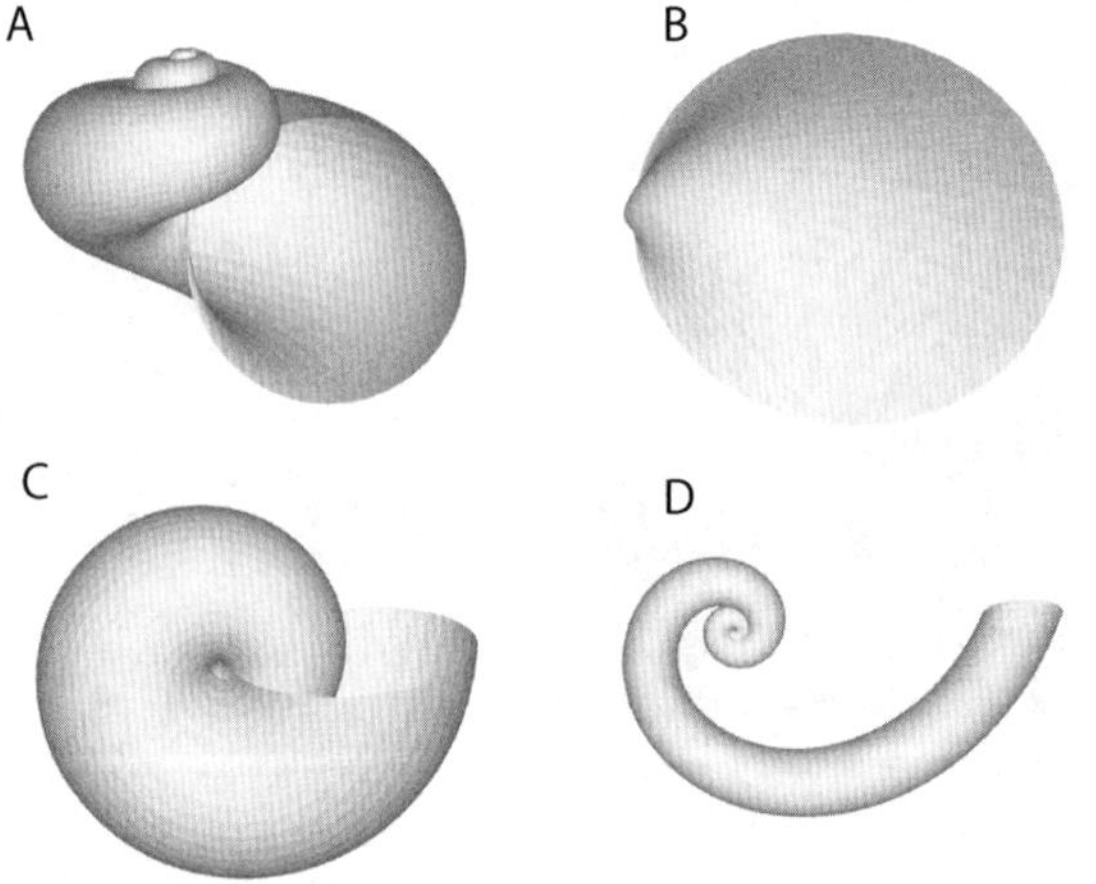

だ。理論形態学を通して、生物学的に現れてきた実在の形が、ごく限られたものでしかないということに気づく。このことについては、また後で触れることにしよう。

　では、具体的にパラメータを変化させることでどのような殻の形ができるのか見ていきたい。円錐の底面、つまり殻の口の形についてはここでは単純な円形に固定してしまうので、残り三つのパラメータを操作することにしよう。

実在の生物は形が限られている

　この円錐が成長に伴い螺旋《らせん》状に上下に伸びるように巻いていけば巻き貝になるし

（高い変異率）（図6－1のA）、ひと巻きでとんでもなく円錐の口が大きくなるようにすればカサガイや二枚貝の殻のようになる（高い増大率）（図6－1のB）。螺旋状に巻くにしても、平面的に巻けば一般的なアンモナイト類の形もできる（低い変異率）（図6－1のC）。巻き軸からの距離が大きければ、巻きがとけるような形となる（図6－1のD）。

この三つのパラメータの違いによって様々な殻の形を作ることができるということが視覚的にわかったかと思うが、実際の生物においてこのパラメータが取り得る範囲というのがわかっている。それを三次元的に表現したブロックダイヤグラムを見てほしい（図6－2）。このブロックの中には、ラウプモデルの制約条件下で取り得るすべての形態が含まれていると言える。例えば腹足《ふくそく》類、つまり巻き貝の殻の口は比較的小さく、低い増大率を示すので、このダイヤグラムの上の方に描写される。また巻き貝には様々な殻の高さを持つものがいて、変異率が多様なため、このダイヤグラムの横方向に幅広い分布を示すように描かれている。一方で二枚貝の殻の高さは低いため、ダイヤグラムの横軸方向の広がりはなく、低い値の方に分布が偏っている。シャミセンガイなどが含まれる腕足《わんそく》動物は巻き軸からの距離が短いものが多いので、ダイヤグラムの奥方向への広がりがない。イカやタ

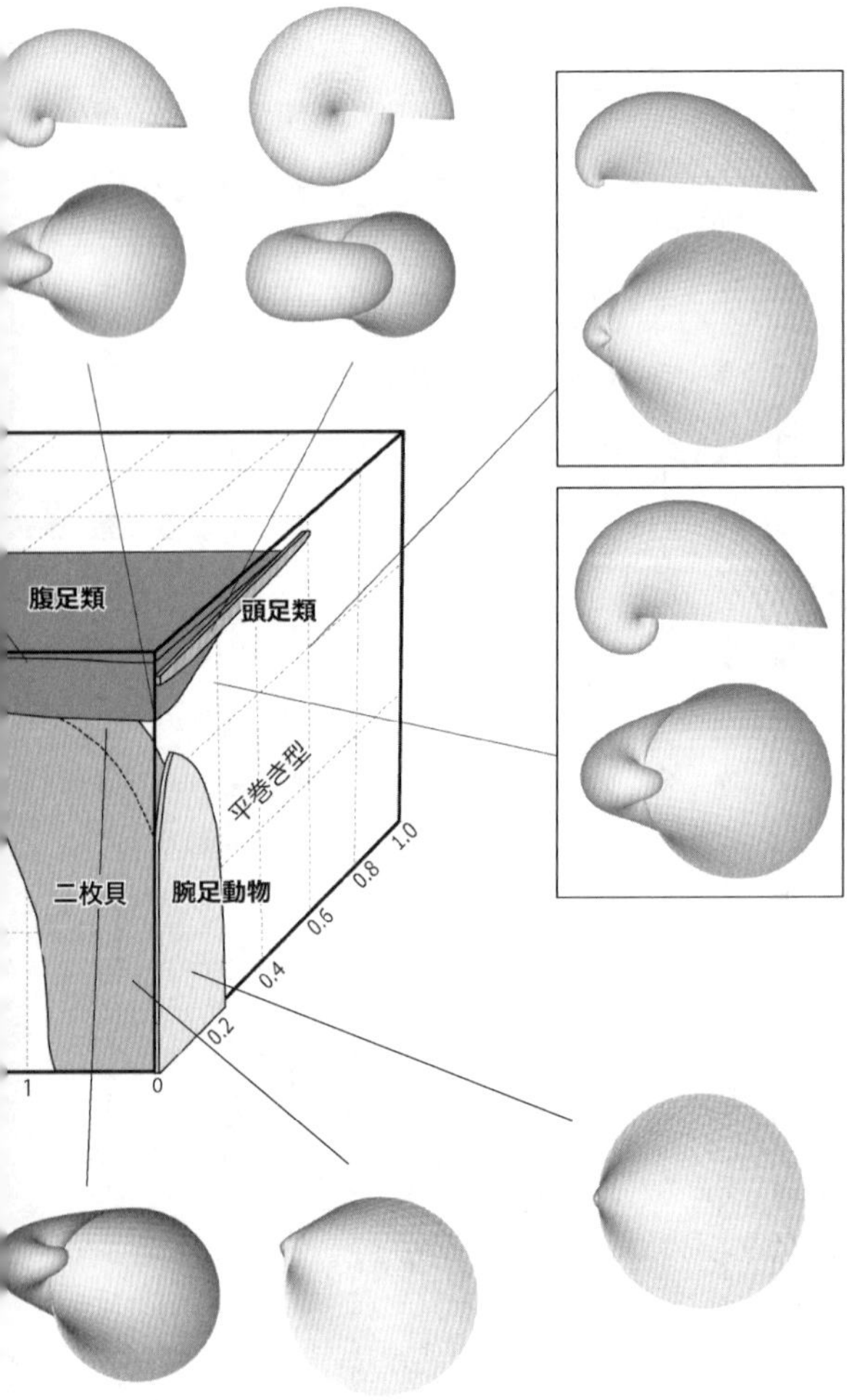
腹足類
頭足類
平巻き型
二枚貝
腕足動物
1
0
0.2
0.4
0.6
0.8
1.0

図6-2
巻いた殻の形態のバリエーションを
表すブロックダイヤグラム

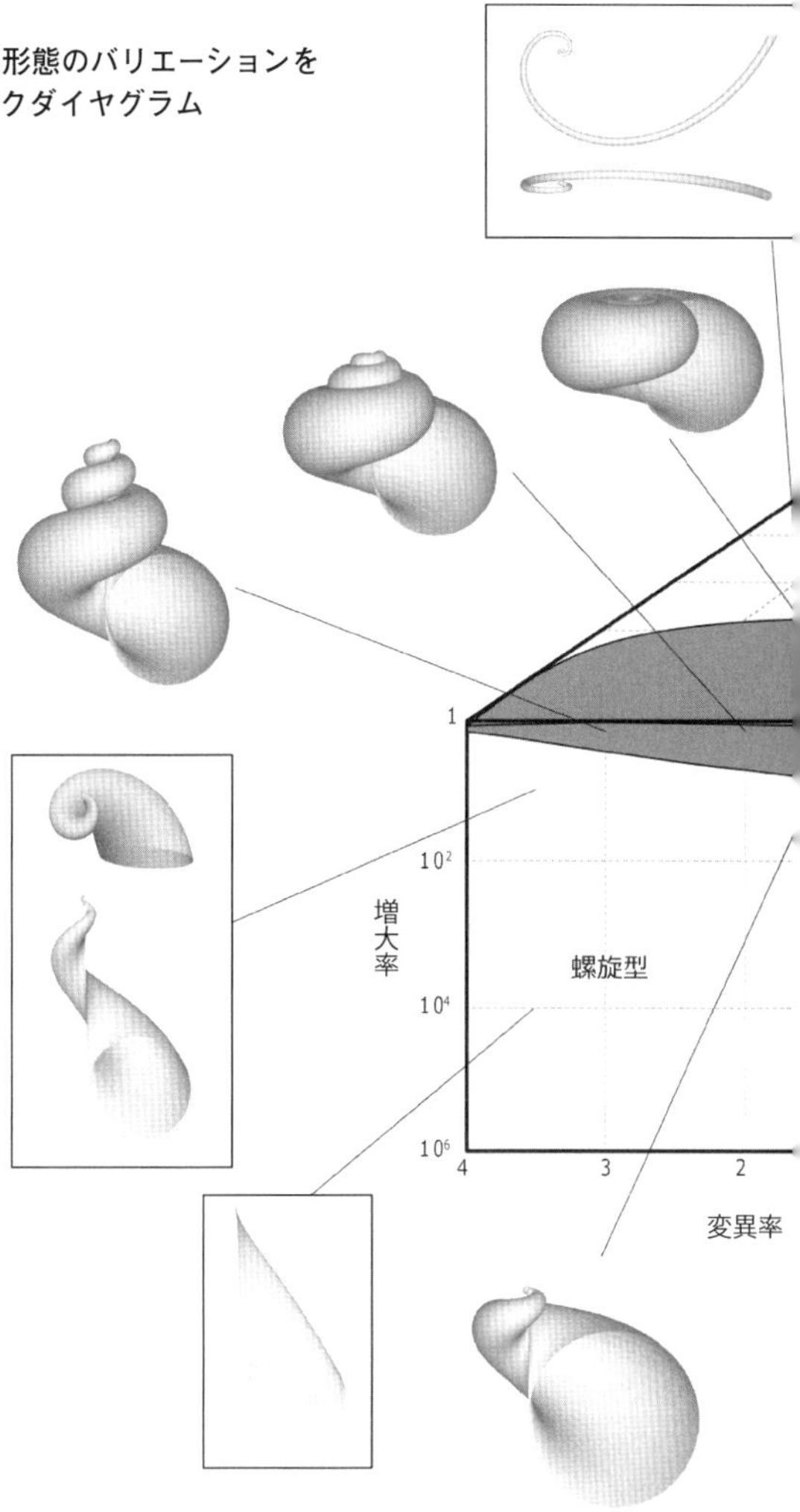

コなどが含まれる頭足《とうそく》類は極めて限られた分布を示していることもわかるだろう。

　ではこれらの動物の分布域以外の白い領域は何を示しているのだろうか？　ここの領域で表現される殻形態は、実際の動物では見られないということを示している。例えば、図6-2で四角枠で囲っている形がそうだ。このダイヤグラムの大部分が白い領域で占められていて、実際の動物で見られる形態がかなり限られたものであることがわかるかと思う。ではなぜこの白い領域の形態を持つ殻が実在しないのか？　それを考え、書き始めるときりがなく、本稿の趣旨からも逸《そ》れるので、ここではこれ以上踏み込まないが、少なくとも三つのパラメータを変化させることで、この空白領域の殻形態を描写することができる。理論上は存在してもよさそうなのに実在しない生物の形を、ぼくたちはたった三つのパラメータをいじることで知ることができるのだ。そして、実在する形とそうでない形にどのような違いがあるのかといった思考を巡らすことができるようになる。

残らなかった軟組織をシミュレーション

　コンピューターの力を借りれば、仮想的な生物の形を描くことが可能であることは巻き貝の殻の例で示した通りだ。さて、恐竜に目を向けると、化石として残るのはほとんど骨ばかりだ。骨の形からももちろん多くのことがわかるが、化石として保存されにくい組織について知る手立てはないものだろうか。

化石情報からはその存在が確認できない軟組織といったものについて、シミュレーションを行うことでその有無の可能性を考えることが実は可能になってきている。ここで登場願うのは、テリジノサウルス類のエルリコサウルスという体長三メートルほどの恐竜だ（図6‐3）。第二章では同じくテリジノサウルス類のノトロニクスやフクイベナートルについて述べたが、これらの恐竜は獣脚類という肉食恐竜のグループに属しながらも、草食性へと進化していったものたちだ。エルリコサウルスも草食性で、モンゴルの約九〇〇〇万年前の地層から見つかっている。その顎《あご》には上下左右にそれぞれ約二〇から三〇本の小さく細長い歯が

図6-3　エルリコサウルス

並んでいるが、よく見ると口先だけには歯がない（図6－4のA）。この歯のない口先の骨の形を見ると、現在の鳥類の口にも似ており、そのことから鳥類と同様にここは角質《かくしつ》のクチバシで覆われていたと考えられている。

恐竜のクチバシの大きさ

ちなみに、角質のクチバシは正確には角質鞘《しょう》と呼ばれる。嘴《くちばし》とだけ書くと、鳥類などの口先が鋭く曲がった動物の口先全体を示すような言葉にも捉えられがちだが、今回話をする角質のクチバシとは、骨を覆っている角質の組織のことを示すので注意願いたい。その辺りにいるカラスやハトの口先に見える少し硬そうな組織のことで、骨とは別物だ。この少し硬そうな角質の組織は、刀剣を覆うがごとく骨を覆っているので、角質鞘と呼ばれているのだ。

エルリコサウルスの口先にもう一度視線を戻そう。果たしてそこにはどの程度の範囲に角質のクチバシが存在していたのだろうか？　爪などの組織も同様だが、これらは骨とは違い死後に化石として保存されることは極めて稀だ。そのためミイラ化石でも見つからな

図6-4　エルリコサウルスの頭骨とクチバシ復元モデル

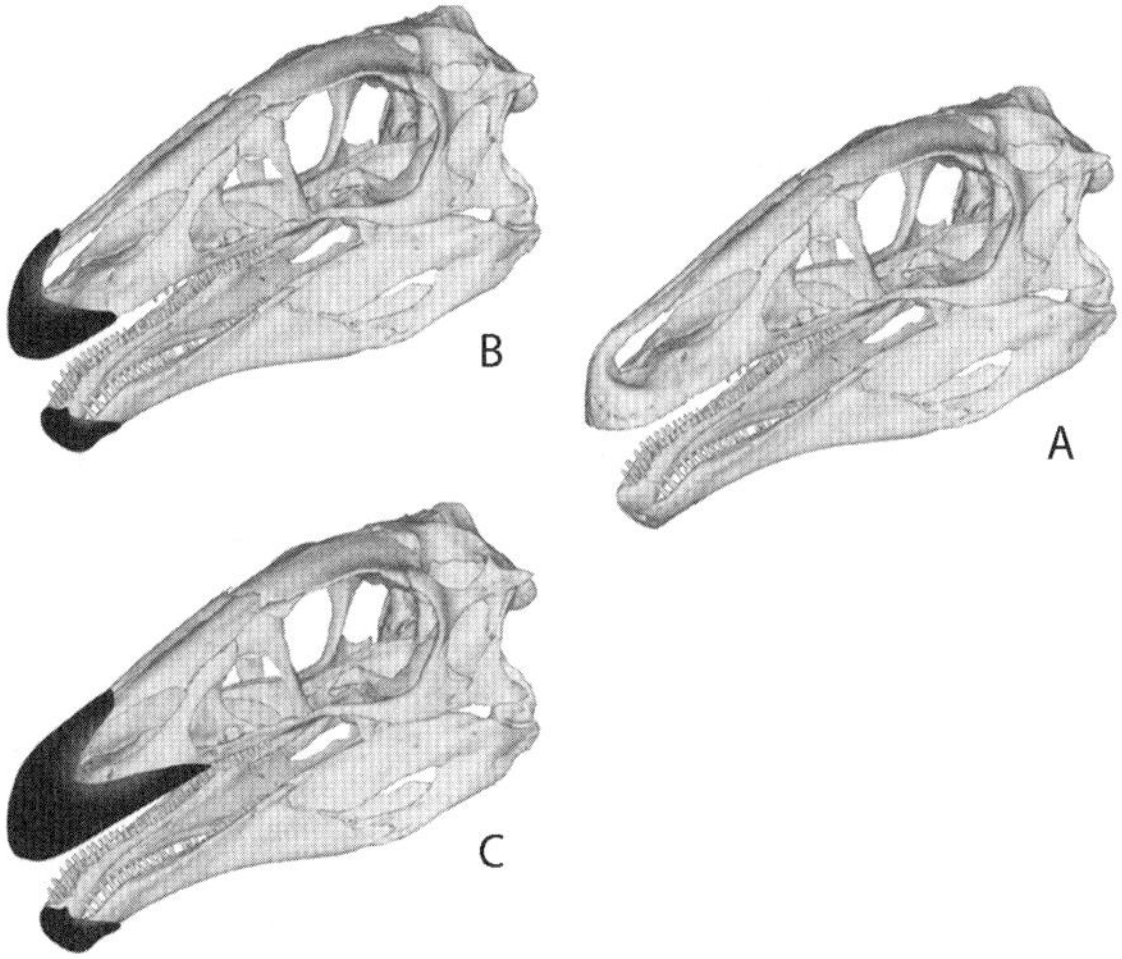

い限り、直接的に角質のクチバシや爪の形を観察することはできない。少し前だと、骨の形から角質部の形をざっくりと推測するしか術《すべ》がなかったが、近年のコンピューター解析能力の向上によって、より具体的な推定が行えるようになってきている。

有限要素解析

　二〇一三年にイギリスのブリストル大学の研究者らが発表した研究を取り上げよう。この研究では、有限要素解析（FEA）という手法を使って、角質のクチバシの有無による口先や頭骨全体の強度、剛性《ごうせい》の違いを調べた。ＦＥＡは、物体の強度や剛性などの物理的な性質を数値計算するための数学的手法で、その構造物がどのような力に耐え得るかをシミュレーションすることができる。複雑な形状や構造を持つものでも計算できるので、恐竜の頭骨の強度などの分析にもよく使われる。この解析では、物体を小さな要素に分割し、それぞれの要素における応力《おうりょく》・歪《ゆが》みを計算し、全体の応力・歪みを導き出すことができる。物理的な実験を行わずに、複雑な形状の物体の解析ができるため、例えば自動車や飛行機などの設計といった工学や材料科学など、幅広い分野で活用されている解析手法だ。

ＦＥＡを行うには、解析したい物体の三次元デジタルデータが必要だ。そのため、エルリコサウルスの頭骨をＣＴスキャンし、そのデータから頭骨の３Ｄモデルが用意された。恐竜などでＦＥＡを行う場合、食物を噛む時にどのように頭骨に応力や歪みが生じるかを見ることが多いので、顎を動かす筋肉の位置や力強さ、顎のどの部分で食物を噛むか、そして骨や角質組織の強度という情報を入力する必要がある。これらの情報をもとにＦＥＡを行えば、食物を噛む時に頭骨にどのような力がかかっているのかがすぐにわかるが、今回の解析はそれだけでは終わらない。

クチバシの大小で違いはあるのか

CTスキャンで得られたデータから作られた頭骨の3Dモデルは、もちろん骨のみの形だ。骨のモデルだけで解析することにも十分な意義はあるが、この骨に仮想的に角質のクチバシを覆ったモデルも用意すれば、角質ありの状態で食物を噛んだ時の状態がシミュレーションできる。ただし、既に述べたように角質のクチバシは化石としては見つかっていないので、その形や大きさは不明だ。そこで、今回の研究では口先の歯のない部分に最小限角質があったモデル（図6－4のB）、歯のある領域まで広く角質があったモデル（図6－4のC）、角質のかわりに歯があったとするモデルを用意し、これらの解析結果を比較した。

その結果、角質のクチバシを持つ方が口先に生じる応力が大幅に減少することがわかった。角質部自体は歪みが増加するものの、骨とは違い、ある程度の柔らかさを持った組織であることから、角質のクチバシがあることで骨に生じる歪みを緩和させる効果があることもわかった。これは、口先を使って食物をくわえる際に、食物の固さに対して口先が変形しないようにするための適応だと考えられる。角質のクチバシは、摂食時の応力や歪みを緩和して頭骨の安定性を高める重要な役割を果たしていたことが、シミュレーションからわかったのだ。

さらに興味深いことに、角質の分布域が狭くても広くても、解析結果に大きな違いがないこともわかった。つまり、不要に角質のクチバシを発達させなくても、最小限の角質のクチバシだけで、十分にその効果が発揮されるということだ。合理的に考えると、角質のクチバシは最小限の大きさがあればよいということになり、エルリコサウルスの口まわりにはそこまで大きな角質のクチバシがなくてもよかったということが見えてくる。エルリコサウルスのクチバシは実在しないが（ミイラ化石が発見されれば将来的に実物を見ることができる可能性はあるが）、シミュレーションによってなんとなくぼくたちの目の前にその様子が浮かんできた。

モデル解析によって行動を推定

この研究では、デジタル技術やコンピューターシミュレーションは非常に重要な役割を果たしている。ＣＴスキャンと３Ｄモデルの技術なくして、エルリコサウルスの顎の構造を再現し、その機能を理解するための仮想的な角質のクチバシを設定することはできなかったし、さらにはFEAによってその強度を評価することもできなかっただろう。コンピューターシミュレーションによって、仮想的なモデルを作成し、そのモデルを解析することで、恐竜などの古生物の機能や行動を推定できることを示した絶好の例の一つだろう。

余談ながら、ぼく自身も恐竜のクチバシには興味を持っていて、大学院の学生さんたちと研究を進めている。頭骨の中には血管が通っていた管がある。恐竜の化石でも、そのような管の跡が残っていることがあり、その様子をCTスキャンによって詳細に観察することができる。角質のクチバシが存在するには、そこに多くの栄養、すなわち血液を供給する必要があると考えられている。ということは、クチバシの領域には血管が発達していることが容易に想像できる。恐竜の頭骨の中に保存されている血管の情報を読み解いていくことで、角質のクチバシの分布域を特定できるのではと思い、現在は様々な恐竜の頭骨のCTスキャンを行っている最中だ。

デジタル技術と恐竜研究

これまで述べてきたように、デジタル技術の進歩によって、恐竜に関する研究は飛躍的に進歩してきている。まずは、化石の形態を非破壊的に取得することができる様々な３Ｄスキャン技術だろう。これによって、恐竜の骨格や頭骨、歯などの細かい構造を詳細に調べることが可能になった。また、３Ｄプリンターを用いて、実物大あるいはサイズを変えた骨格模型を作成することもできるようになり、研究者や一般の人々が手軽に恐竜の骨格を観察できるようになってきている。これは博物館展示や教育の現場を大きく変える可能性を秘めている。

次に、コンピューターシミュレーションによる研究の進展について。ＦＥＡについてはエルリコサウルスの例でも触れたが、この解析を使えば、恐竜の骨格や歯、角《つの》などの構造がどのように機能し、それによりどのような食性をしていたのか、どのような狩りのしかたをしていたのかといった疑問に迫ることができる。本書では詳しく触れる機会がなかったが、コンピューターシミュレーションに基づく恐竜の動きや生態についての研究も数多くなされている。例えば、ティラノサウルスがどのくらいのスピードで走ることができたのか、あるいは羽毛恐竜や始祖鳥などがどのように飛行していたのかなど、その対象は多岐にわたる。これをさらに検証する方法の一つに、ロボットを用いるというものが考えられる。化石記録などから想定される歩行様式をロボットで再現できるか、条件を様々に変えながら検証することができ、既に古生物学とロボット工学の協同的研究が進められている。

デジタル技術を用いた恐竜研究は日に日にその勢いを増してきており、これからもぼくたちに恐竜について多くのことを教えてくれるに違いない。

第七章　「ペンギンモドキ」はペンギンか？

化石動物ペンギンモドキ

ある頃から、ぼくは「ペンギンの人」と言われることが多くなった。それは二〇一三年にぼくが発表した研究のせいだ。その研究は多くのメディアに取り上げられ、大手ネットニュース欄のトップ記事にもなり、そして研究対象動物の名前のインパクトの強さから、人々の記憶に残りやすかったのだろう。

本章の話の主人公はペンギン、と言いたいところだが「ペンギンモドキ」という動物だ。残念ながら現在は生きていない絶滅動物だ。ペンギンモドキはお察しの通り、和名であって、あくまで慣習的な名前だ。この鳥類は学術的にはプロトプテルム科と呼ばれるグループのもので、その名前は「泳ぐ翼」という意味だ。ただ、ペンギンモドキというとなんだか一気に親近感がわいてくるので、本書ではペンギンモドキという名前でこの鳥類を呼んでいこうと思う。

ペンギンモドキは約三五〇〇万〜一八〇〇万年前に北太平洋に生きていた海鳥で、これまでに一〇属一三種が知られている。そのうちの八種が北米から、五種が日本から見つかっている。多くは背の高さが一〜二メートルくらいの大きさだった（写真7-1）。しかし、一九九六年に長崎県から見つかった化石から推定すると、三メートル近くになるようなかなり大型の種もいたようだ（この個体の研究はまだ詳しくは行われていないので、既存の種と同じなのか違うのかといったことまではわかっていない）。ペンギンモドキは、特に日本からの化石産出が多いことから、日本を代表する化石動物の一つとして知られている。その前肢の骨は短く、そして平べったくなっており、一見すると姿形はペンギンにそっくり。ただし、ペ

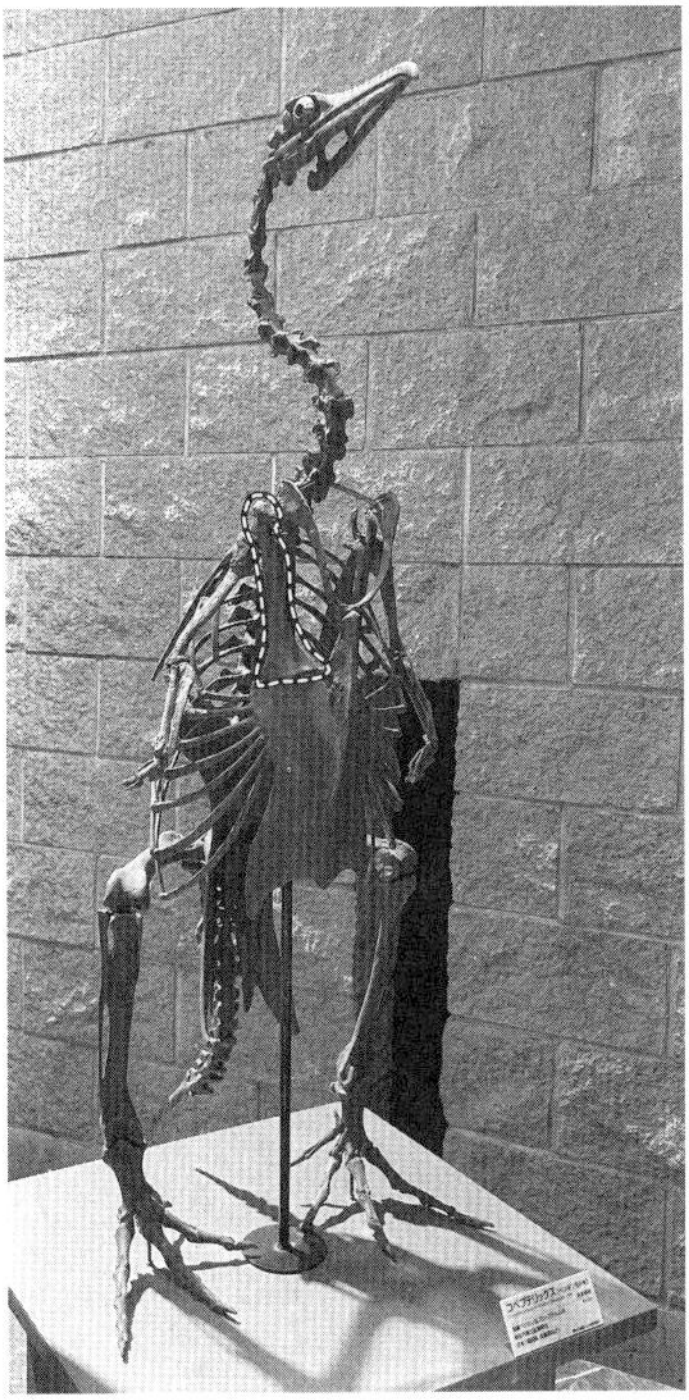

写真7-1　ペンギンモドキ（コペプテリクス・ヘキセリス）の全身骨格
破線で囲っている部位が烏口骨

ンギンモドキは、細かな骨の特徴からペンギンではなくウミウなどのカツオドリ目に近縁とされている。

ペンギンモドキの化石が初めて見つかったのは一九六一年のことだ。それは、カリフォルニア州で見つかった烏口骨《うこうこつ》と呼ばれる肩と胸をつなぐ骨で、約二〇〇〇万年前の化石だ。この烏口骨は左側のもので、その上端部分のほんの二センチメートルほどしか残されていない。ちなみにヒトでは烏口骨は見られなくなっているが、その名残が肩甲骨に烏口突起として残されている。

このとても小さな烏口骨化石に基づいて、プロトプテルム科が初めて論文によって記載されたのが一九六九年で、プロトプテルム・ホアキネンシス（*Plotopterum joaquinensis*）という学名がこの鳥類に与えられた。これが学術的に最初に見つかったペンギンモドキということになる。たったこれだけの化石にもかかわらず、烏口骨の形状から現在のウやアメリカヘビウとの近縁性を、論文の著者であるアメリカの古生物学者ヒルデガード・ハワード（一九〇一～一九九八）は見抜いている。彼女は絶滅鳥類の専門家であった。しかも、ペンギンやウミガラスのように翼を使って泳ぐ鳥であったことも指摘している。なぜ、こんな破片のような化石からここまでのことがわかるのか、この論文を学生の時に初めて読んだ時の衝撃はいまだに忘れていない。しかし断片的な化石しか見つかっていなかったことから、この段階ではペンギンモドキが世間からの注目を浴びることは全くなかった。

日本のペンギンモドキ

ちょうどこのような時期、一九六〇年頃から北九州市の採石場で鳥類化石が見つかりはじめていた。後肢や骨盤、背骨、肋骨などの化石が見つかっており、おおよそこの鳥類の姿が見えてきた。さらに北九州市の響灘《ひびきなだ》に浮かぶ藍島《あいのしま》でも一九七〇年代以降、多くの鳥類化石が見つかるようになり、一九七七年には保存状態のよい上半身の骨格も見つかった。これらの化石はペンギンモドキの別種コペプテリクス・ヘキセリス（*Copepteryx hexeris*）として、一九九六年に論文で発表されることになる。コペプテリクスとはオール（櫂《かい》）状の翼という意味だ。そして、コペプテリクス・ティタン（*Copepteryx titan*）という別のペンギンモドキも同じ論文で発表された。その体長は約二メートルにも達するとされている。後で述べる巨大ペンギンと同様に、史上最大の水鳥の一つだ。その後も藍島やその周辺地域からは、多くのペンギンモドキの化石が見つかっている。また一九七〇年、伊万里市波《いまりしは》多津町《たつ》からもペンギンモドキの化石が見つかっている。これには頭骨も含まれている。実はペンギンモドキの頭骨化石はあまり見つかっていない。日本では、前述の藍島や北九州市の塔野《とうの》地域、そしてこの波多津からしか見つかっていないのだが、これらの頭骨標本についてはまた後で触れようと思う。ちなみにペンギンモドキは全国から見つかっており、前述の地域の他にも山口県や岐阜県、福島県、北海道からも見つかっている。

ペンギンモドキが世界的注目を集める

このように六〇年代以降、日本で多くのペンギンモドキの化石が見つかっていたのだが、当時はまだこれらの化石がペンギンモドキのものであるとはわかっていなかった。日本の古脊椎《こせきつい》動物を数多く研究している長谷川善和《はせがわよしかず》先生（当時は国立科学博物館、現在は群馬県立自然史博物館名誉館長）は、一九七三年にこれらの化石の正体を突き止めるべく、アメリカの化石鳥類の古生物学者であるストーズ・オルソン（一九四四〜二〇二一）のもとを訪れた。これ以降、二人は協力して謎の海鳥化石を調査することになり、オルソンも一九七六年に日本を訪れ、国内のこれらの海鳥化石産地を見て回った。オルソンは、下関《しものせき》市で見つかった烏口骨化石を観察している時に、これがハワードによって記載されたプロトプテルムに似ていることに気づいた。ただし、日本産のものはプロトプテルムよりも大きいことがわかった。その後、一九七七年にワシントン州の海岸沿いからペンギンモドキの骨格の一部が見つかり、翼の全体像がわかるようになった。その翼は扁平《へんぺい》に特殊化していた。さらに、前述したように藍島から状態のよい化石が見つかり、これによりペンギンモドキの翼はペンギンのものにそっくりであることが明らかになった。一方で、多くの部位にカツオドリ目の特徴が見られ、ペンギンモドキがペンギンにそっくりなのは収斂《しゅうれん》進化によるものだろうということが見えてきた。収斂とは、系統的には離れている生物にもかかわらず、進化の過程で似たような特徴を獲得することだ。鳥とコウモリの翼はこの収斂の好例だろう。

このような発見に基づき、一九七九年にオルソンと長谷川先生は科学雑誌「Science」で、日本の六つの産地とワシントン州から見つかった化石から明らかになったペンギンモドキの本質に迫る論文を発表した。この時、「サイエンス」誌の表紙を飾ったのはペンギンモドキの復元画だった（**写真7-2**）。ほとんど誰にも気にされていなかったペンギンモ

写真7-2　ペンギンモドキの復元画が表紙の1979年11月9日号の「サイエンス」誌

ドキが、この論文の発表以降に世界的にも大いに注目を集めることになったのだ。

鳥類は系統関係が難しい

ここまで、ペンギンモドキの話をずっとしてきたが、対するペンギンについても述べておきたいと思う。詳しいペンギンの話をする前に、ペンギンに近縁な鳥類の仲間たちから話していきたい。

現在地球上に生息している鳥類は約一万種と言われている。そのうちのおよそ六割がスズメ目だ。つまりスズメ目の鳥は六〇〇〇種以上いる。現生哺乳類は約五〇〇〇種いるが、スズメ目の鳥の種数はそれを上回っているのだ。スズメ目にはもちろんスズメをはじめ、ツグミ、カラスなどが含まれる。鳥類は、スズメ目を含みおよそ四〇目から構成されていて、鳥類の進化史の中で一番早い段階で他と分かれたのがダチョウ目、次に他と分かれたのがキジ目やカモ目だ。

鳥類の系統関係を明らかにするのは実は難しい。というのも、鳥類は進化の初期段階で急速に多様化し、さらにはどの鳥も飛ぶための体格は維持しており（その後飛ばなくなったものもいるが、その祖先は飛んでいた）、それによって血縁関係を明らかにしづらい。長い時間かけてゆっくり多様化すれば、ＤＮＡや形態にはそれぞれ異なる特徴が刻まれやすい。しかし、鳥類では多様化が一瞬で起こった上に、飛翔という制約条件が厳しくかかっていることから、ＤＮＡや形態に各々《おのおの》の違いが深く残されておらず、それぞれの鳥同士の血縁関係を正確に知ることが難しい。そのため、鳥類の系統関係は研究の発展とともに大きく変わってきていたが、ここ最近は膨大なＤＮＡデータを解析することで、おおよその関係性は定まってきたように思う。

最近の研究によって、水鳥と一般的に呼ばれる鳥たちの系統関係も明らかになってきている。水鳥といっても、ここではペンギン目はじめ、ミズナギドリ目、ペリカン目、カツオドリ目、コウノトリ目、アビ目の仲間たちのことで、カモ類やフラミンゴ類などは含まない。水鳥は進化の初期にアビ目がまず分かれた。そして、ペンギン目とミズナギドリ目

図7-1　水鳥の系統関係

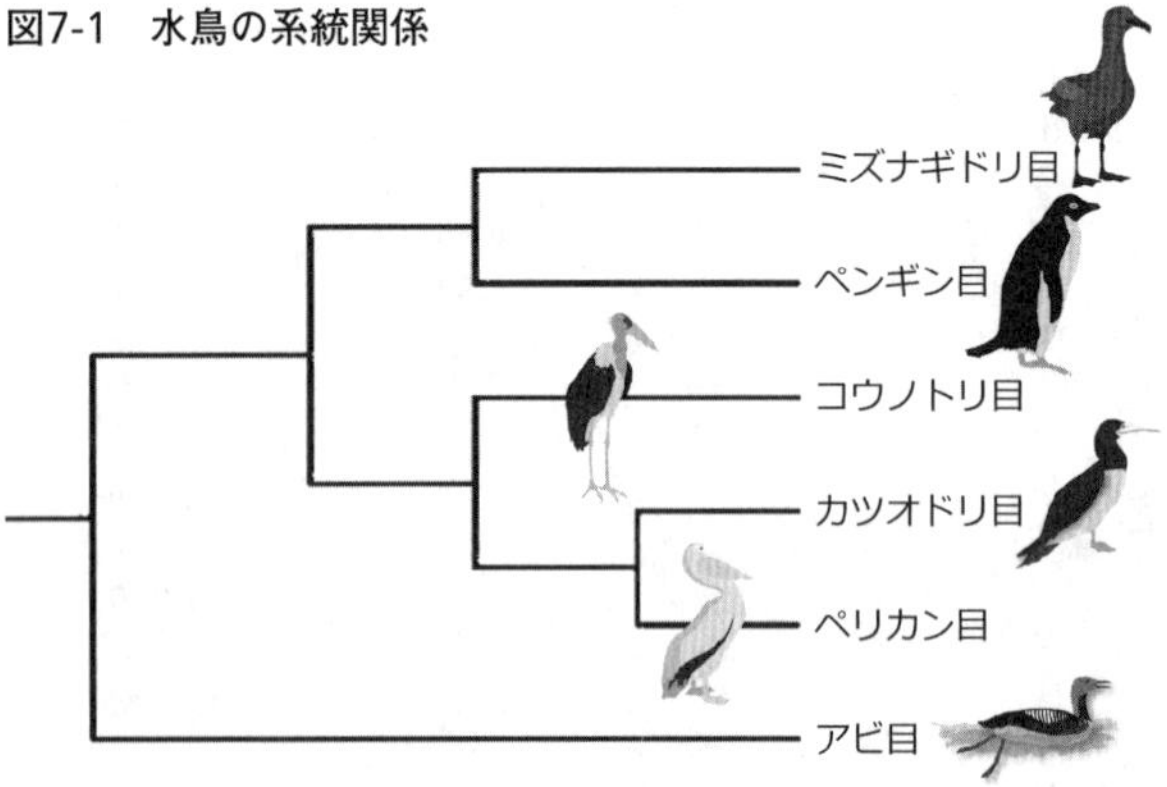

のグループ、残り三目のカツオドリ目、ペリカン目、コウノトリ目からなるグループの二つに分かれて進化してきた（図7－1）。つまり、ペンギン目に一番近いのはミズナギドリ目ということになる。ミズナギドリ目にはミズナギドリやアホウドリ、ウミツバメなどが含まれる。

ペンギンモドキはウやアメリカヘビウに近縁と述べたが、これらの鳥はカツオドリ目に含まれる。他にはカツオドリやグンカンドリなどがいる。骨格形態の解析から、ペンギンモドキはカツオドリ目の鳥、あるいはそれに極めて近い鳥であるとされてきているのだ。

多様な現在のペンギンたち

これまでペンギン、ペンギンと呼んできたが、ここで言うペンギンはペンギン目に含まれる鳥のことを示している。普段の生活でぼくたちは単にペンギンとだけ呼ぶことが多いが、現在生きているペンギン目には六属のペンギンがいる。コウテイペンギン属（*Aptenodytes*）、アデリーペンギン属（*Pygoscelis*）、フンボルトペンギン属（*Spheniscus*）、コガタペンギン属（*Eudyptula*）、マカロニペンギン属（*Eudyptes*）、キガシラペンギン属（*Megadyptes*）だ。さらに、例えばコウテイペンギン属にはコウテイペンギン（*Aptenodytes forsteri*）とキングペンギン（*Aptenodytes patagonicus*）の二種が、アデリーペンギン属にはアデリーペンギン（*Pygoscelis adeliae*）、ヒゲペンギン（*Pygoscelis antarcticus*）、ジェンツーペンギン（*Pygoscelis papua*）の三種が含まれるといったように、現在のペンギンは一八種いるとされている。ちなみに日本で飼育されているペンギンは九種いるらしい。日本が世界でも有数のペンギン大国と密かに言われている所以《ゆえん》だ。国内で一番多く見られるのはたぶんフンボルトペンギン（*Spheniscus humboldti*）だ。そのため、ぼくたちがペンギンと聞くと真っ先にイメージするのはフンボルトペンギンだろう。

ペンギンと言えば南極をイメージする人も多いだろう。確かに南極周辺で暮らしているものは多いが、そうでないものもいる。フンボルトペンギン属はかなり暖かい地域でも暮らしている（そのため、日本という暖かい地域で多く飼育されている）。ガラパゴスペンギンは名前の通り、赤道直下のガラパゴスに生息する。日本人になじみ深いフンボルトペンギンはペルーやチリ北部の沿岸という温暖な環境に生息している。見た目がそっくりなマゼランペンギンも、チリ以南のパタゴニア地方に広く分布し、フンボルトペンギンと生息域が一部重なっている。南アフリカ地域に生息するケープペンギンも比較的暖かい地域に住むペンギンだ。また、ニュージーランド周辺にも多くのペンギンが住んでいる。ペンギンはぼくたちのイメージとは違い、わりと暖かい地域にもいる動物なのだ。

過去にいたびっくりペンギンたち

絶滅してしまったペンギンたちについても触れておこうと思う。今のところ最古のペンギンはニュージーランドの約六二〇〇万年前の地層から見つかったもので、ワイマヌ（*Waimanu*）という学名がつけられている。この時代は、恐竜が絶滅してからさほど経っていない頃だ。ワイマヌの見た目は今のペンギンと変わらず、空を飛ぶことはできず、水中を泳いでいた。ただ、フリッパーと呼ばれるペンギン独特の平べったい前肢や後肢の機能は現生ペンギンほど発達しておらず、長距離遊泳能力や陸上での移動能力はそこまで高くはなかった。しかし、この当時は鯨類が登場しておらず、今のペンギンがさらされているほどの哺乳類との競争はなかったようだ。

その後、さらにペンギンはニュージーランドや南極周辺で多様化していき、かなり大型のものも出現する。約五七〇〇万年前のクミマヌ（*Kumimanu fordycei*）は体重が一五〇キログラムほど、体高は二メートル近くになるとも見積もられている。これは史上最大のペンギンだ。ちなみに属名はマオリ語で神話上の巨大怪物を意味するkumiと、同じくマオリ語で鳥を意味するmanuから成る。

このような巨大ペンギンの時代はその後約四〇〇〇万年続いた。ぼくは巨大ペンギンの中でもイカディプテス（*Icadyptes*）がお気に入りだ。ペルーから見つかっている約三六〇〇万年前のペンギンで、コウテイペンギンよりもやや大きいくらい。イカディプテスの最大の特徴は極めて長いクチバシである。それは二〇センチメートルほどあり、頭骨の長さの三分の二を占める。イカディプテスの面白さはクチバシの長さだけではない。イカディプテスが生きていた頃は、新生代の中でも最も温暖な時期だ。イカディプテスが発見されるまでは、ペンギンが温暖な環境へ適応していったのはもっと後の時代、かなり最近のことだったと考えられていた。しかし、イカディプテスが見つかったことでペンギンがその進化史のかなり早い段階ですでに暖かい環境に進出していたことがわかったのだ。

ちなみにペンギンモドキが登場するのがちょうどこの時期だ。巨大ペンギンが繁栄していた頃に、北半球でペンギンモドキが生まれたのだ。

その後、南極大陸の孤立に伴う寒冷化が起こり、ハクジラ類とヒゲクジラ類が出現し、鯨類の多様化が進む。それに反するように、ペンギンの多様性は減少していく。餌を巡る競争にさらされた巨大ペンギンたちの多くは生き延びることができず、最終的に絶滅することになる。

現代型のペンギンが登場したのは一〇〇〇万年ほど前のことだ。化石としてはフンボルトペンギン属のものが南アメリカから見つかっている。現生ペンギンにとって南極海流が彼らの分布域を広げるのに役立ったとされている。ペンギンの化石種は軽く五〇種以上も見つかっており、その歴史は六〇〇〇万年以上もあり、このように多種多様なペンギンたちが南半球の海で生息していたのだ。しかし、微妙な位置に生息しているガラパゴスペンギンを除けば、ペンギンはただの一度も赤道を越えることはなかった。これは、かなり暖かい環境へ適応し、かつ餌の量も少ない海域を経て赤道を越えることの難しさや、北半球にはペンギンにかわる同じような生態の動物がいたということに起因しているのだろう。

ペンギンモドキの脳が見たい

さて、博士課程に在学中だった頃のぼくは、このペンギンモドキの脳を見てみたいと思った。そもそもぼくは鳥類の脳形態を専門に研究していた。なぜ鳥の脳を研究しようと思ったかというと、鳥は恐竜の生き残りだから。もともとの興味は恐竜の脳にあったのだが、恐竜の脳を知るには、今生きている恐竜である鳥の脳をもっと理解する必要があるだろうと思ったからだ。

既に当時のぼくには、脳の形を見れば、その脳の持ち主がどの鳥類の仲間か言い当てることができる自信があった。ちなみに、哺乳類に関してもある程度の自信がある（誰の役にも立たない自信ではあるが……）。この時は、ペンギンモドキの脳から、本当にペンギンモドキはペンギンではなくカツオドリの仲間なのか確認できないかと考えたのだ。

ペンギンモドキの脳の形を知るには、その頭骨化石をCTスキャンするのが一番だ。しかしペンギンモドキの脳を調べる前にやるべきことがある。それは、ペンギン目、カツオドリ目、その他これらに近縁な海鳥の脳のデータを集めることだ。ペンギンモドキの脳がどの仲間に近いか知るには、現在生きている鳥類のデータが不可欠だ。こういった海鳥のデータもCTスキャナーを用いて収集した。

ペンギンモドキの頭骨をCTスキャン

ここでやっとペンギンモドキの脳を調べるための下地が固まった。ペンギンモドキの頭骨化石は既に述べたように、ほとんど見つかっていない。しかし、その大部分は北九州市立いのちのたび博物館に保存されている。そこで二〇一一年の春にぼくは、学芸員の大橋《おおはし》智之《ともゆき》さんと、これらの標本を詳しく研究してきている長谷川先生に連絡をとった。ちょうど大橋さんや長谷川先生たちも、ペンギンモドキの頭骨の研究を始めていた時期で、CTスキャンができればそちらの研究にも役立つのでぜひCTスキャンしてもらえたらとの返

図7-2　ペンギンモドキとその他の脳（背側）の比較

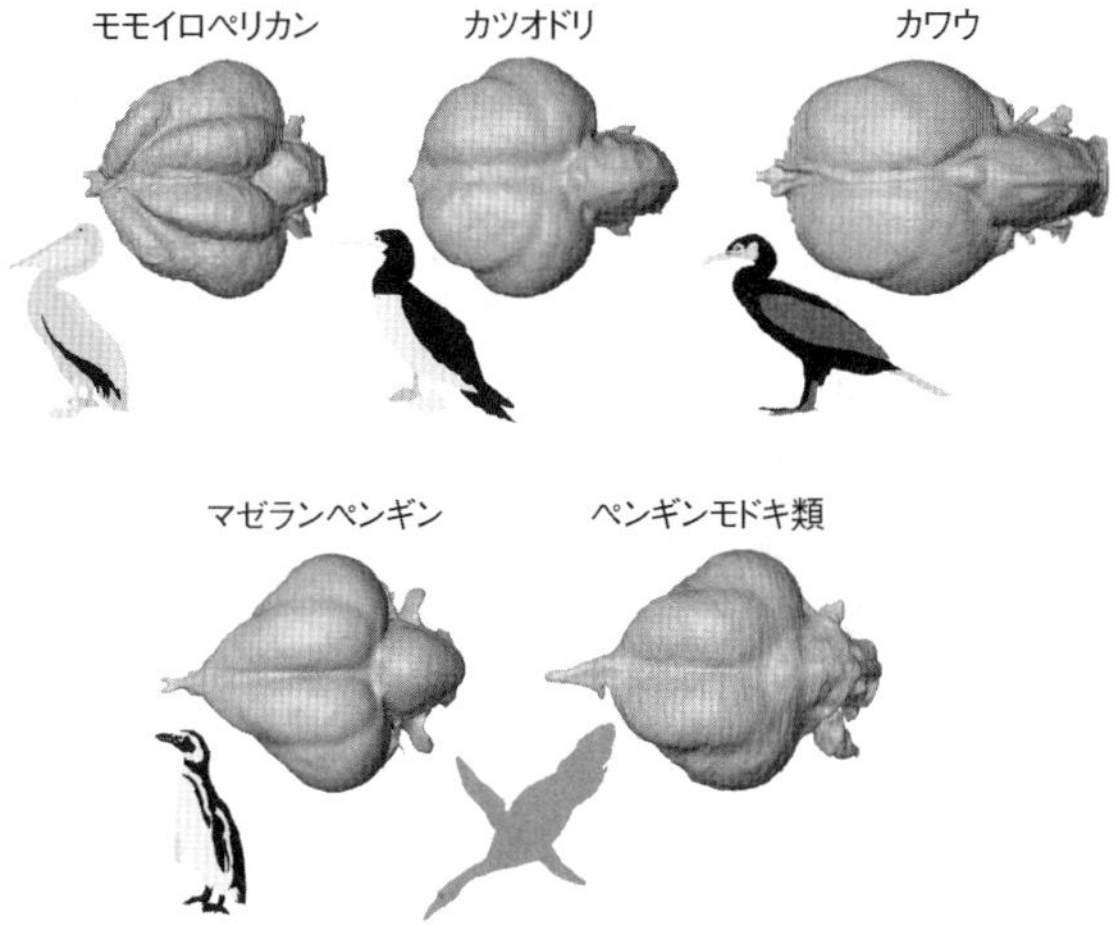

事をもらった。藍島、塔野、波多津から見つかっていた三つの標本を借用できることになった。

藍島と波多津の標本は脳の周りを囲う部分の骨のみしか保存されていない。藍島標本はほとんど変形が見られなかったが、波多津標本は上下に圧縮されたように変形していた。塔野標本は、頭の後ろからクチバシの先端までが状態よく残されている標本だが、若干斜め方向に力が加わり全体的に変形していた。そこで、全体的な形態は塔野標本で観察し、より正確な形態は藍島標本で導き出せるだろうと思った。

ぼくはこれらの標本を東京まで運んでCTスキャンを行った。藍島と波多津のものは同年五、六月に、塔野標本は一〇月にスキャンした。その後、解析に時間がかかりはしたものの、二〇一二年の春頃にはペンギンモドキの脳の形をコンピューター上で復元できた。それを見た時の印象は今でも強く覚えている、「まさにペンギンの脳だ」（図7－2）。

結果は満足、でも数値化するのが面倒くさい

その後にすぐ様々な解析などをして、論文などで発表したかというと、そうではなかった。〝研究者あるある〟かもしれないが、疑問に思っていたことが明らかにできたことに満足してしまい、その結果をまとめるというモチベーションに至らなかったのだ。ペンギンモドキの脳がペンギンの脳に似ているといっても、それをしっかりとした解析などで数値を用いて理論的に説明する必要もある。直感的に似ているとわかっているものを、数値で説明するために、わざわざ四苦八苦しなければならないのかと思うと、気が重かった。「ペンギンモドキはペンギンかも!?」というキャッチフレーズを頭の片隅に響かせながらも、取り組まずにいた。ただ、他に何もしていなかったわけではない。この年の夏には博

士論文の執筆を開始しており、ペンギンモドキ以外の研究についてはだいたいまとまってきていた。この博士論文では、様々な鳥類の脳の形態を定量的に解析していたのだが、ふとした時に、ここで使っていた手法を応用すればペンギンモドキの脳がペンギンの脳に似ているということを的確に表せられるのでは、と気づいた。

そもそも博士論文に、ペンギンモドキの研究を組み込む予定はなかったのだが、このことに気づいてから一気に解析を行い、秋頃までには文章としてまとめ、博士論文にペンギンモドキの研究を盛り込むことができた。

ペンギンが南半球を脱出し北半球まで進出?

具体的にはまず、現生水鳥の脳形態を三次元的に解析した。その結果、水鳥の脳形態はペンギン目+ミズナギドリ目グループ（以後、ペンギングループ）とカツオドリ目+ペリカン目+コウノトリ目（以降、ペリカングループ）とで、全く異なることがわかった。この二つのグループでは小脳の幅の長さや大脳の形など、様々な解剖学的特徴が異なることを明らかにできたのだ。その後にすることはもちろん、ペンギンモドキの脳がどちらのグループのものに含まれるのか調べることだ。もうおわかりの通り、疑いようもなく、ペンギンモドキはペンギングループに含まれるという結果になった。

脳は、生物の体が形作られる過程で、骨や筋肉よりも早い時期に形成される。そのため、骨などよりも脳には血縁関係の情報が色濃く残されている。つまり、ペンギンモドキの脳がペンギンに似ているということは、ペンギンモドキはペンギンに近縁なのではないかということになる。正直なところ、いろいろと悩んだ。頭骨の外見は明らかにペンギンではなく、カツオドリ目に近い。しかし、脳はペンギン……。ペンギンモドキがペンギンだとすると、ペンギンが南半球を脱出し北半球まで進出していたということになる。これはペンギンの進化を考えるうえで、とても大胆な説だ。

この結果は、二〇一四年にロンドン・リンネ協会が発行する科学雑誌で論文として発表することができた。この論文では結局、「ペンギンモドキとペンギンの脳の類似性から、両者が近縁である可能性が否定できない」という表現に抑えてまとめた。ただぼく自身は、ペンギンモドキはペンギンではなくカツオドリ目の鳥だとやはり思っている。しかし巷《ちまた》では、ペンギンモドキはペンギンに近縁だったと断言するような内容が広がった。当然、そちらの方が話題性が高いからだろう。

この当時、「実はペンギンモドキペンギンだったのか」「そもそもペンギンモドキの名前が悪い」といった意見が多く見られた。ぼくのせいで、ペンギンモドキがあらぬ誹謗中《ひぼうちゅう》傷《しょう》を受けてしまった。ペンギンモドキにはなんだか悪いことをしてしまった気がする。

後日譚——藍島へ

ペンギンモドキは、ぼくの研究人生で初めて実際に化石を手に取って研究し、論文として発表した古脊椎《こせきつい》動物だ。そのため、思い入れも深い。しかももともと謎の多い動物だったにもかかわらず、脳の研究からさらにその謎が深まってしまった。だからなんとか新しい化石標本を見つけることで、何かしらペンギンモドキの謎解きにもう少し貢献したいと思っていた。

そんな中、研究仲間らと藍島に行けることになった。二〇一四年三月のことだ。小倉《こくら》から船に乗り、島へ渡る。三〇分ほどの乗船時間だ。小倉駅から見れば、北西に一三キロメートルほどの距離にある、それほど大きくない島だ。多くのネコがあちこちに住み着いていることから、ネコの島として有名だ。

名化石ハンター

昼前に島の南部にある港に着いた。気持ちのよい青空が広がっており、波も穏やかだ。ペンギンモドキが見つかるはずの地層は、海岸沿いに分布しているので、これから海岸を歩くことになる。今回の研究メンバーの中には、名化石ハンターがいた。栃木県立博物館学芸員の河野重範《かわのしげのり》さんと瑞浪《みずなみ》市化石博物館学芸員の安藤佑介《あんどうゆうすけ》さんだ。二人は日本中の様々な場所で、とても貴重な骨化石を発見し続けている。彼らは、ふらふらーとその辺りを見て回ってきたかと思えば、「何かあったよ」と化石を見つけてくる。いとも簡単に見えるが、同じようにぼくがその辺りを探してみたところで、化石を見つけ出すことはできない。

島に上陸してから一時間も経たないうちに、ペンギンモドキのものかもしれない化石を数点見つけた。さらに、午後には鳥のクチバシのような骨も見つかった（写真7-3）。当時の撮影時刻を確認したところ、午後一時半には掘り出し作業を始めていた。島に上陸してから約二時間しか経っていない。当初ぼくは、この化石はクチバシではなくて何か細長

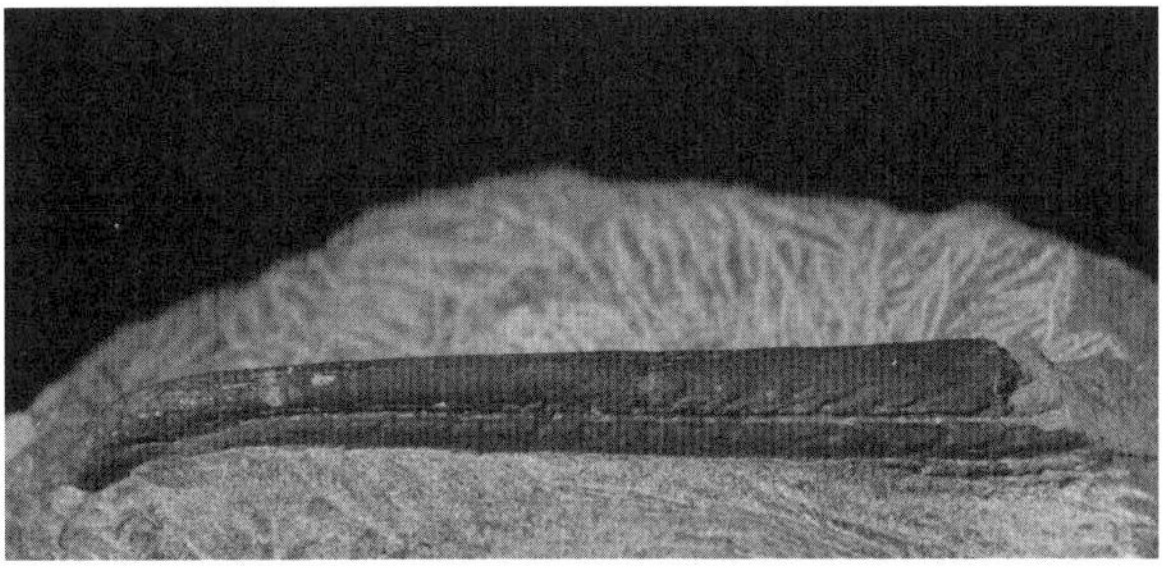

写真7-3　水鳥のクチバシ化石　藍島で発見したもの

い別の部位の骨ではないかと思っていたが、河野さんはこの化石を地層から掘り出す前からクチバシじゃないかと言っていた。念のために言っておくが、普通はこんなにも簡単にこのような貴重な化石は見つかることはない。これは完全に、事前の準備と、研究仲間らの経験、そして運のおかげだ。

その後、二日ほど島に滞在したが（実は嵐のために船が出港できず滞在が一日延びた）、これといった成果はなかった。今回の調査のハイライトは、最初の二時間に集約されていたのだ。この化石は、安藤さんが持ち帰り、クリーニング作業を行った。安藤さんは以前から藍島で調査をしていて、ここの化石のクリーニングの経験も豊富だった。しばらく経って、安藤さんから岩石の中からきれいに取り出された化石の写真が送られてきた。そこに写っていた化石が、鳥、特に海鳥のクチバシであることは一目瞭然だった。ペンギンモドキのクチバシはこれまでに一つしか見つかっておらず、詳しい調査がされていない状況だった。そのため、今回ぼくたちが見つけた化石がペンギンモドキのクチバシなのか知るには、慎重な調査が必要となる。しかしなんにせよ、おおよそ二九〇〇万年前に生きていた海鳥のクチバシ化石であることは確実で、これは大変貴重なものだ。

カツオドリ目のクチバシ

この化石に残されている特徴を丁寧に観察し、今の鳥類のものと比較していった結果、少なくともカツオドリ目のクチバシであることは確かめられた。しかし、クチバシ一つだけから、これ以上詳細にどの鳥のものか特定することはできなかった。ただ、藍島から見つかった鳥類化石はすべてペンギンモドキのもので、それ以外の鳥と断言できるものは見つかっていない。この化石を見てみると、ペンギンモドキのものとしても特に矛盾が生じる点はないことから、今回ぼくたちが見つけた化石はペンギンモドキである可能性は非常に高い。今後、新たな化石が見つかり研究が進むことで、このクチバシを持っていた鳥の正体を明らかにできるだろう。また、頭骨化石がもっと見つかれば、より詳しく脳などの研究もできるだろうから、ペンギンモドキの脳がなぜペンギンのものに似ているのかという疑問も、解明できるかもしれない。新たな発見を心待ちにしているし、願わくはまた自分でもその発見に何かしら貢献したいものだ。

第八章　繊細な暴君「ティラノサウルス」

暴君竜ティラノサウルス

ティラノサウルスは言わずと知れた恐竜界の大スターで、その名が意味するように暴君（テュランノス、古代ギリシャ語）竜として広く世間に認識されている恐竜だ。全長一二メートルを超すものもいた、最強の恐竜として知られている。ティラノサウルスは名実ともに他を圧倒する肉食恐竜なのだ。いかにティラノサウルスが特殊な恐竜であるかはこの後詳しく見ていきたい。しかし、ティラノサウルスはただ荒ぶるだけの動物というわけではなかったようだ。CTスキャンを用いた研究によって、ティラノサウルスの繊細な一面を垣《かい》間見《まみ》ることができるようになってきた。

呼び名からして変な恐竜

ティラノサウルスは、海外ではよくT・レックスと呼ばれている。これはこの恐竜の学名が *Tyrannosaurus rex* だからだ。一九〇五年に発表された論文で、この学名がつけられた。一つの学術論文の中で、頻繁に登場する学名は属名と種小名のフルネームでいちいち書いていると長くなることから、二回目以降に登場する際は属名の頭文字と種小名のみで

写真8-1　映画『ジュラシック・パーク』より。ティラノサウルス＝暴君竜という名にふさわしい暴れっぷりをみせる　Getty Images

記述するという習慣がある。これにならうと、「*T. rex*」となるのだ。ちなみにTの後のコンマは、T以降を省略していることを意味している。

日本ではティラノサウルスと表記されることが多いと思うが、T・レックスでもある程度通用すると思う。これは映画『ジュラシック・パーク』の影響が大きいのかもしれない。劇中の英語の台詞《せりふ》では一貫してT・レックスとなっているが、それに伴い日本語吹き替えもそうなっている。

このように、学名の省略表記が世間に広く通じる恐竜は、T・レックス以外にないように思う。また、そもそも本来「*T. rex*」は文章中の省略形であるため、普通ならこれを「ティー・レックス」と呼ぶことはない。ヒトの学名「*Homo sapiens*」でたとえるなら、「エイチ・サピエンス」と言っていることになる（エイチと読むより、ホモと読む方が短くてすむが……）。そもそもティラノサウルス属にはレックス種の一種しかいないので（最近、ティラノサウルス属を三種に分けられるという研究や、それとは別に新種記載した研究が発表されているが、ティラノサウルス属が複数種いたとする考え方に慎重な研究者も多いので、本書ではティラノサウルス属はレックス種のみで構成されているという前提としている）、レックスまで言わずティラノサウルスと呼ぶだけでも、それはすなわちティラノサウルス・レックスのことを示していることは明らかなのだ。もし仮に、ティラノサウルス属が複数主から構成されているとし、その中のレックス種のことを言いたいのであれば、単に「レックス」とだけ言うのが普通だろう。

Tyrannosaurus の読み方

余談だが、ぼくが研究の世界に入る前のこと、恐竜の本をいろいろと読んでいたのだが、表記がまちまちで混乱したのがティラノサウルスだ。*Tyrannosaurus* のカタカナ表記で一番多いのは「ティラノサウルス」だと思う。しかし、「ティランノサウルス」だとか、今では少なくなっているが「ティラノザウルス」、「チラノザウルス」なんてものもある。当時のぼくは、これらカタカナで書かれている恐竜が、果たして *Tyrannosaurus* のことを示しているのか、あるいは違う恐竜のことを指しているのかわからなかった。

学名はラテン語を用いるという風習があるので、その読み方はラテン語読みにならえばよい。学名という生物名の体系を導入したのはカール・フォン・リンネ（一七〇七～一七七八）だが、この当時の学術書はラテン語で書くのが通例だった。

ローマ帝国の公用語として発展していったラテン語だが、現在ではカトリック教会の共通語という限られた範囲でしか用いられなくなっていて、日常的に使われることはない。そのため、文法などの変化が加わっていく可能性が低く、世界的に公平性も高いことから今日でもラテン語が学名に用いられる傾向が強い。しかし、ラテン語は発音があまり統一されておらず、特に学名に用いられるものは書き言葉として発達してきたという経緯があるため、その発音にはかなりの揺れが生じる。

本来（古典式ラテン語）ならば、その読みはローマ字読みに近いので、学名もローマ字読みすれば無難とも言える。*Tyrannosaurus* の綴りをよく見ると、nが二つ並んでいる。そのため「ティランノサウルス」というように読むことになる。

「○○ザウルス」というのは、ドイツ語の影響を受けた読みだ。ドイツ語ではsの後に母音が続く場合、サシスセソではなくザジズゼゾに近い発音になるためだ。明治の頃、日本の自然史・博物学はドイツの影響を受けていたことに起因する読み方なのだろう。

結論としては、どのカタカナ表記も *Tyrannosaurus* のことを示していて、どれも間違いではない。学名のカタカナ表記には明確なルールがないため、このような揺らぎが生じるだけだ。実際、新種の恐竜、あるいは日本語でこれまで記述されたことがなかったような恐竜に初めてカタカナを与える時などはかなり悩むことがある。ただ、「ティラノサウルス」はやはり最も世間的になじんでいるものだと思うので（これはたぶん英語読みにカタカナをあてたためだろう）、本書では「ティラノサウルス」で一貫したい。

ティラノサウルスは特異な恐竜

ティラノサウルスは恐竜時代の中でも最末期に生きていた恐竜だ。恐竜は約六六〇〇万年前に、隕石《いんせき》の衝突により絶滅したが、この時まさに絶滅した恐竜の一つがティラノサウルスで、他にはトリケラトプスなどがあげられる。

一九〇二年の最初の発見以来、これまでに五〇体近くのティラノサウルス標本が見つかっている（実はそれよりも以前に見つかってはいたが、今となって、ティラノサウルスの標本とされている）。それはどれもアメリカ、カナダの、しかもロッキー山脈の東側に限られている。当時の北アメリカは現在のものとはかなり様子が違っていて、この地域には南方から入り込んだ深い湾があった。ティラノサウルスが住んでいたのはその湾周辺の海岸平野だったと考えられている。

あまりにも有名なので、ティラノサウルスは肉食恐竜の典型的なイメージとなってしまっているかもしれない。しかし、この肉食恐竜は他のものとは体のつくりがかなり異なっていて、とても典型的なものではない。

全長こそ、ティラノサウルスよりも大きな、スピノサウルスなどの肉食恐竜はいくらか知られている。しかし、頭骨含め体のつくりがこれらの恐竜の方が圧倒的に華奢《きゃしゃ》だ。頭部の異様さについては後で述べるとして、頚部《けいぶ》や腰まわりから足、尻尾の重厚感はすごい。

この強力な足腰で、力強く台地を踏みしめていたことは明らかだ。しかし一方で、前肢が非常に小さく見えるのも、ティラノサウルスの特異な点だ。頭部が巨大化しすぎ、全体の体のバランスを保つために前肢が縮小したと考えられている。ただ、小さいと言っても片腕で二〇〇キログラムくらいのものは持ち上げることのできる腕力があったとも言われていて、まったく役立たずだったわけではなさそうだ。

頑強すぎる頭骨

ティラノサウルスの頭部のごつさは半端ない。そもそも体に対するサイズは大きく、左右のボリューム感、堅牢さは圧倒的だ。こんなにもがっしりとした頭骨を持つ恐竜はティラノサウルスの仲間以外にはいない。

頭骨は背側から見るとT字型をしていて、後頭部がより左右に張り出したような構造で、両眼が前方を向くような配置となる（図8－1）。このことから、ティラノサウルスは両眼を使って立体的に物を見ることができたと考えられる。周りの空間を三次元的に捉える能力が高く、例えば獲物との距離を的確に把握できていたことがわかる。このような立体視

図8-1　ティラノサウルスの頭骨
上図は背側、下図は横から見たところ。眼球の位置も示した

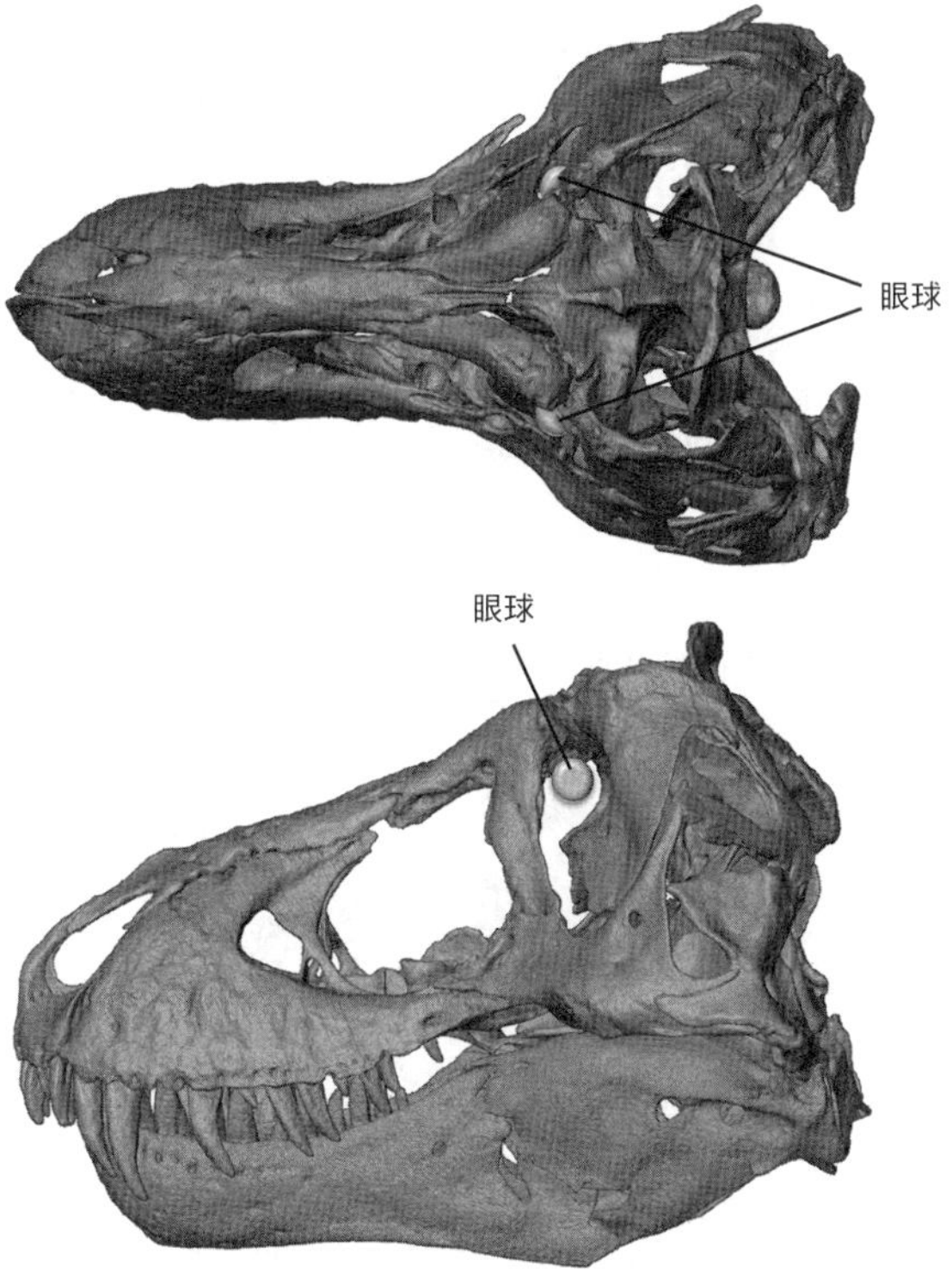

のできた恐竜はティラノサウルスの仲間と、ほんの一部の肉食恐竜に限られる。特にティラノサウルス科では、前方の視野が広がることで現生のタカよりも広い両眼視野を実現していたとする説もある。

さらに、歯は大きいものではよくバナナサイズとたとえられるが、これは決して誇張されたものではない。バナナ大のものも含め、破壊力のある歯が約六〇本、上下の顎に備わっている。特に前方の歯はよりがっしりとしていて、獲物の骨を砕くこともできたのかもしれない。

顎を閉じる筋肉もかなりの強さがあったようだ。顎の筋肉と歯の構造から、ティラノサウルスの咬合力《こうごうりょく》は、顎関節近くで最大三六〇〇キログラムと見積もられている。これは、現生動物で最も高いイリエワニの一八〇〇キログラムよりも大きく、獲物の骨を嚙み砕くには十分なパワーを発揮することができるものだ。また、顎のつくりから骨をまるごと破壊することも可能だったようだ。これによって、オオカミやハイエナのように、ティラノサウルスは獲物の骨髄から栄養を得ることができたようだ。

ティラノサウルスは、ティラノサウルス類の中でも最後に現れた最も進化した種だが、この仲間は進化するにつれ下顎が発達していった。ティラノサウルスの個体成長でも同様で、成長するほど顎はたくましくなっていき、より強力な顎の力を得ることができた。このことから、ティラノサウルスは幼体と成体とは異なる捕食戦略をとっていたとも考えられる。

特に成体のティラノサウルスの下顎が大きな力に耐えることができるのは、上顎の構造とも整合がとれている。ティラノサウルスの口腔内の上顎部分は、強固な骨で裏打ちされたようなつくりになっていて、ねじり荷重に対しても強かった。このような構造は、他の大型肉食恐竜では見られない。典型的な大型肉食恐竜の頭骨は、垂直方向の圧縮荷重には比較的強いが、ねじりなどの力に耐えるつくりにはなっていないのだ。

下顎の中にある神経を見たい

ティラノサウルスはプロの恐竜研究者たちにも大人気で、他の恐竜に比べるとその研究成果も多く、より詳細なことがわかっている。ＣＴスキャンを使った研究では、二〇〇〇年に頭骨をまるまるスキャンした成果が発表されたのが最初である。この時、デジタル技

写真8-2　ティラノサウルスの歯骨　長さは約90センチメートルあり、これを実際にCTスキャンした

術を用いて脳形態の分析などがされ、その後にはティラノサウルスだけでなく近縁種のCT撮影も行われ、ティラノサウルス類の脳についての知見が蓄積されてきている。

ティラノサウルスの脳を解析することで、嗅覚や視覚が比較的よく発達していた動物であることがわかっている。また、ティラノサウルスよりも鳥類に近い恐竜ほど、嗅覚よりも視覚の方が発達していく傾向にあり、恐竜から鳥類にかけて嗅覚よりも視覚優位の動物へと進化していったことがわかってきている。

このように頭骨をCTスキャンすることで、ティラノサウルスの生き様が垣間見えてきている。しかし、ティラノサウルスの下顎の内部を解析した例は不思議となかった。頭骨のCTスキャンといっても、どれもが上顎の解析ばかりで、脳や内耳、鼻まわりのことに関する研究だった。上顎といえば、やはり脳や感覚器官という興味をそそられるものが集中していて、研究のしがいがあるのだろう。一方の下顎の内部にはこれといった器官はなく、研究者の興味をあまりひかなかったのかもしれない。

しかし、ぼくはティラノサウルスの下顎のCTスキャンをしたいと二〇一九年頃から思っていた。というのも、福井県立恐竜博物館にとても状態のよい下顎化石があったからだ（**写真8－2**）。ずっとCTスキャンを用いて研究をしているからか、まずはどんな標本でもその中身がどうなっているのか知りたくなってしまう。そのため、こんなにもきれいな下顎化石を見てしまえば、もちろんCTスキャンをしたくなる衝動は抑えられない。

しかし、そんなに簡単にCTスキャンをかけようということにはならない。なぜなら、ティラノサウルスの下顎は大きいからだ。博物館にあるこの標本は下顎といっても、その中でも歯骨という部分の骨だ。頭骨は複数の骨でできあがっているという話はしたが、下顎もその例外ではなく、いくつかのパーツで構成されていて、歯骨は字のごとく歯がうわっている骨で、下顎のおよそ前半分を占めている。下顎全体ではないといってもこの歯骨は長さ九〇センチメートルほど。化石という硬い物質なので、医療用CTスキャナーよりも強力なCTスキャナーを用いる必要があるが、このサイズの大きさのものをスキャンできる機械はそうそう多くない。日常的に使っていたCTスキャナーでは、この下顎の半分以下のサイズの標本くらいしかスキャンできない。ティラノサウルスの下顎を実際にCTスキャンできるまでには、様々な調整のために時間が必要だった。

CTスキャンはつらい

実際にCTスキャンを行うことができたのは二〇二〇年一月のことだ。中国で新型コロナウイルスが広がりつつあった頃だったと思う。撮影は横浜で行った。工業用CTスキャナーをレンタルできるところがあり、そこに持ち込んだ。

医療用のCTスキャナーは、患者がベッドに横たわり、そのベッドの周りをX線発生装置と、そこから発せられたX線を受けるディテクターがぐるぐると回ることで、CTデータを取得する。しかし工業用CTスキャナーの場合は、標本を丸いステージの上にぽんと載せ、そのステージがぐるぐると回転する。X線発生装置とディテクターは動かない。また、標本をステージに設置する場合は、標本の長軸がステージに対して垂直方向になるようにする方がよい。つまり、細長い標本はステージの上にバランスをキープさせたうえで立てなければならない。これはX線の通りをできるだけよくするためだ。しかも、ステージはゆっくりとはいえ、移動したり回転したりするので、ある程度の振動に耐えられるようにしっかりと標本を固定する必要がある。

もう既にお察しの通り、ティラノサウルスの下顎は細長い。これをうまく立てなければいけない。これが倒れて落下して粉々になったら大惨事だし、CTスキャナーのディテクターに当たって壊してしまうと何千万円という金額が飛んでしまう。スキャン中に少しで

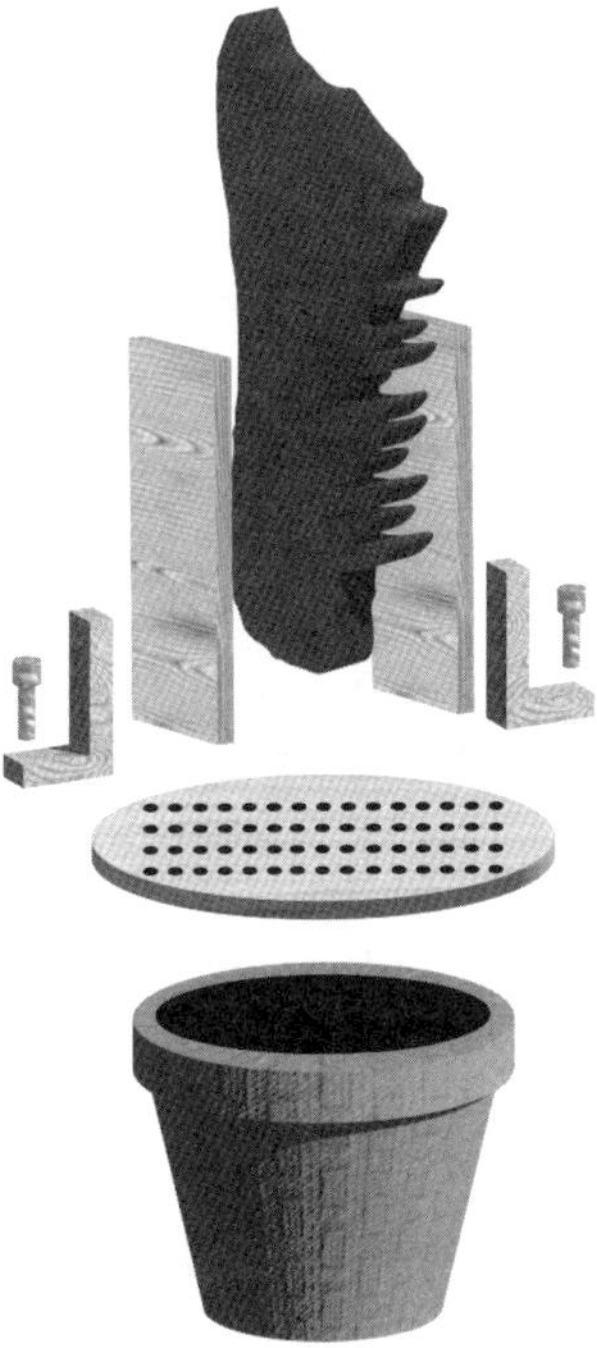
図8-2　ティラノサウルス歯骨の固定装置の略図

も動いてしまうと、まったく意味のないCTデータが吐き出されるだけだ。今回のCTスキャンは、いかにティラノサウルスの下顎を安全に設置できるかにかかっている。

そこで用意したのは、ビス止めのための穴を複数あけてある丸い板、片面すべてにマジックテープを貼り付けた複数の細長い板、一面にマジックテープを付けた様々な形のスポンジ、L字型の木製の足が複数、標本の形に切り抜いた大型クッション材だ。そして、これはいつもCTスキャンの際に持ち歩いているお気に入りのプラスチック製の少し大きめの植木鉢。

この植木鉢、何かと役に立つのでぼくの必須アイテムとなっていて、研究の必需品だ。近くのホームセンターでたまたま見つけたものだ。CTスキャンのステージは丸いのだが、多くのCTスキャナーのステージ直径と、この植木鉢の直径が一致する、あるいは収まりがよいので、標本がはみ出さないようにこの植木鉢の中に設置するといい感じになる。他にもこの植木鉢の使い道はまだまだあるのだが、列挙してもきりがないので割愛する。それくらいに重宝している。

今回は、この植木鉢の上に穴だらけの丸い板を置く。大型クッション材に納めた下顎をマジックテープが張られている板二枚で挟みこみ、標本を立ててもずり落ちたりしないように、マジックテープ付のスポンジや様々なクッションを切り貼りして適宜板に張っていく。そして、板に挟まれている下顎を立てて、それをL字型足をいくつか使って挟み込み、この足と、植木鉢の上に置かれた丸い板とをビス止めする（図8-2）。さらに、ロープを使って下顎と板がずれないように締める。

CTスキャンと聞くと、コンピューターを駆使して短時間に様々な解析を行えるという

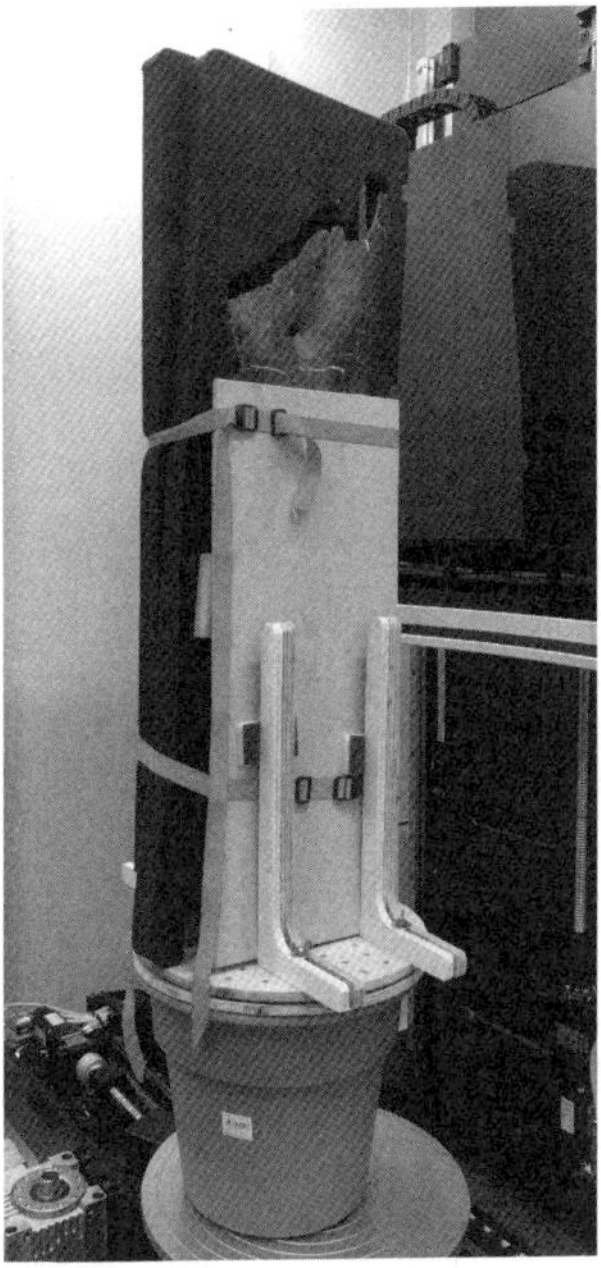

写真8-3　CTスキャナーのサンプルステージにティラノサウルス化石を設置している様子

イメージがあるかもしれない。しかし、よいデータを得られるかどうかは、上述のようなアナログ的な工夫、工作にかかっている。ここで手を抜くと満足なデータが得られず、その後にいかにデジタル的に処理したところで焼け石に水なのだ。

下顎の中に張り巡らされた神経

幸いなことに、無事にティラノサウルスの下顎を立ててステージに設置することができ、数時間のスキャンの間も安定していてくれた（写真8－3）。その結果、内部の様子がきれいに見られるCTデータが得られた。

そこに写っていたのは、外見からはわからない顎の中に収まっていたいくつかの歯と、それらの下側を前後に走る管構造だ。この管構造は途中途中で分枝を出し、木の枝のようになっていた。また顎の前方ほどこの枝分かれの数が多くなる様子もよく見えていた。

この管構造は、血管神経管だ。字面の通り、血管と神経が通っていた管だ。もちろんこのティラノサウルスは死んでから六六〇〇万年以上経っているので、血管と神経が残っていることはない。しかし、これらが収まっていた管は化石の内部に残される。そのため、

図8-3　三次元的に可視化されたティラノサウルスの下歯槽管

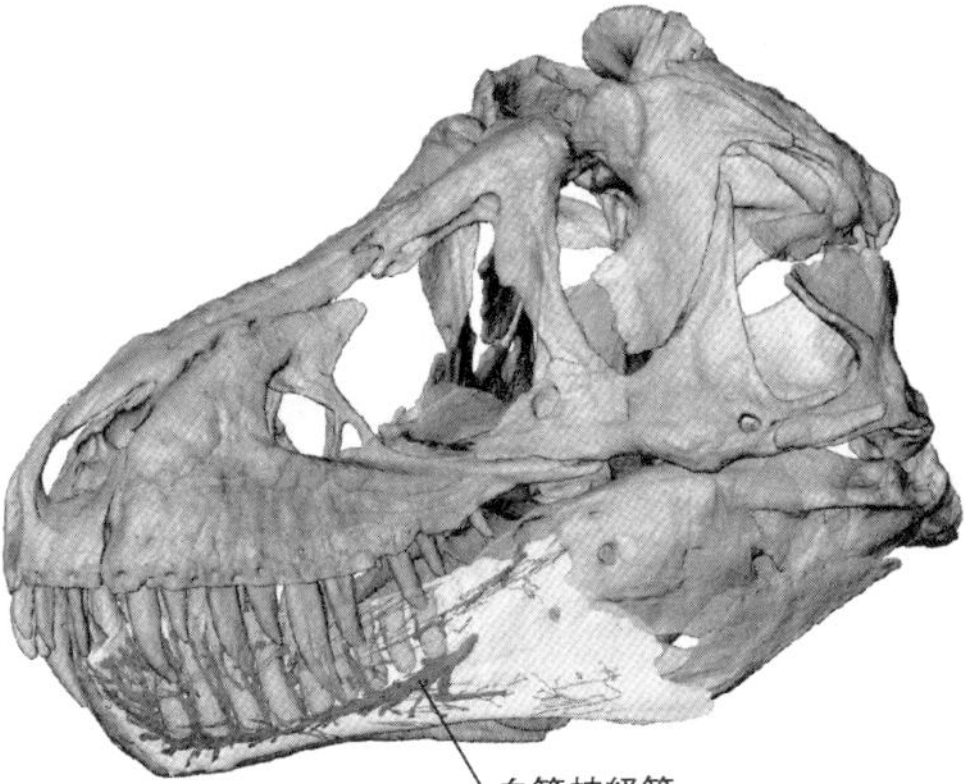

たとえティラノサウルスといった絶滅した動物であっても、血管や神経がどのように分布していたのかはある程度わかるのだ。ただし、これは骨の内部を通る神経や血管についての情報しか得ることはできない。筋肉や内臓といった軟組織の中を通っていたものについては、その生前の様子を知ることはかなり難しい。

さて今回ぼくが見ていたのは、下歯槽管《かしそうかん》という管で、そこには三叉《さんさ》神経の分枝である下顎神経が収まっていた。三叉神経とは、一二対ある脳神経の五番目のもので、サイズは最大だ。脳の根本近くで大きく三つの枝に分かれるので、このような名称になっている。三つの枝のうちの一つである下顎神経が下顎やその周辺へと伸びている。この神経は咀嚼《そしゃく》のための筋肉をコントロールする一方で、下顎周辺の感覚を脳へと伝える役割を持つ。歯医者さんで麻酔をされる時にブロックされる神経の一つだ。

ティラノサウルスの繊細な顎先

ティラノサウルスの下顎のCTスキャンの結果、この複雑に分岐する下顎神経の様子が明瞭に見えた（図8－3）。複雑な枝分かれをし、またその枝の密度が高いということは、その領域の触覚が鋭かったということを示している。しかし、それだけではティラノサウルスの下顎の感覚が鋭かったとは言えない。他の恐竜やワニと比較してみる必要があった。

そこで追加で、鳥脚類フクイサウルスとエドモントサウルス、角竜トリケラトプス（いずれも草食）、そして現生ワニ類の下顎もCTスキャンし、その下歯槽管の形態をティラノサウルスのものと比較した。ちなみに、エドモントサウルスの下顎のスキャンも苦労した。左右両側がひっついた状態の標本だったので、ボリュームもあり、ティラノサウルスの時と同じ方法ではステージに設置できなかった。そのため、この標本のためだけに、特製の設置台を製作してスキャンに挑んだのだ（写真8－4）。

　結果は一目瞭然だった。ティラノサウルス以外の恐竜では、枝分かれの数が圧倒的に少なく、その密度も低かった。一方で、顎まわりの神経がかなり発達していると言われているワニの枝分かれの数はとても多く、顎全体に密に分布していた。ティラノサウルスの枝分かれの様子と似ているのは明らかに他の恐竜たちではなく、ワニの方だった。このことから、ティラノサウルスの顎先の感覚は現在のワニ並みに鋭く、他の草食恐竜を圧倒する

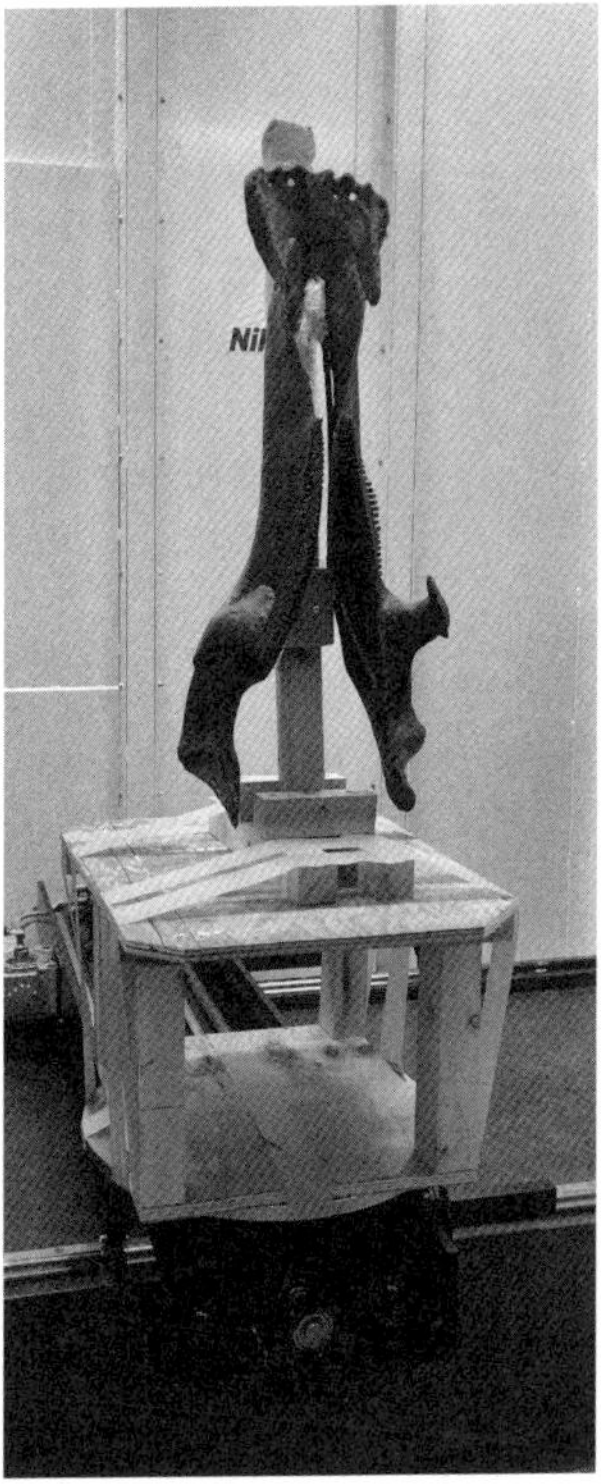

写真8-4　エドモントサウルスの下顎を設置している様子

ものだったということが言えるようになった。

ティラノサウルスの下顎が鋭敏なセンサーとして機能していたことにどのような意義があったのだろうか。これについては、イマジネーションを膨らますしかない。現在のワニの行動はヒントになるだろう。ワニは孵化したての赤ちゃんを口にくわえて移動させてやったりする。これは繊細な顎の感覚があるからこそできる技だが、ティラノサウルスもこれに似たことができたかもしれない。また、化石に残された記録を読み解くことでも想像できることがある。ティラノサウルスあるいはそれに近い恐竜に捕食されたとされる草食恐竜の化石を調べると、特定の領域に多くの咬まれた傷跡が残っていることがわかっている。つまり、ティラノサウルスなどは〝好みの肉〟があり、上品に肉を切り取るといったことができていたのかもしれない。

ここで想像したことは、化石記録をもとにはしているが、妄想に等しい。しかし、下顎に残された神経の痕跡から見えてくるティラノサウルス像は、これまでの暴君とは少し違った優しさを感じるものだ。確かにティラノサウルスは圧倒的な肉食動物ではあったが、荒ぶる王の顔とは違った繊細な一面も持ち合わせた魅力的な動物だったのかもしれない。

第九章 絶滅した奇獣「パレオパラドキシア」をデジタル復元

日本の奇獣をデジタル化

二〇二二年六月にある画像をネット上で見かけた。それは岐阜県瑞浪市《みずなみ》がSNSに投稿したもので、河床と思われるところに埋まった大型哺乳類の腰周辺の骨化石の様子が写されたものだった（写真9-1）。この時は漠然と「また瑞浪市ですごい化石が見つかったんだな」と思った程度だった。瑞浪市は、恐竜時代よりも後の時代、新生代の新第三紀中新世という時代の化石が多く見つかることで昔から有名で、近年でも二〇一六年に中学校の造成工事中に保存状態の

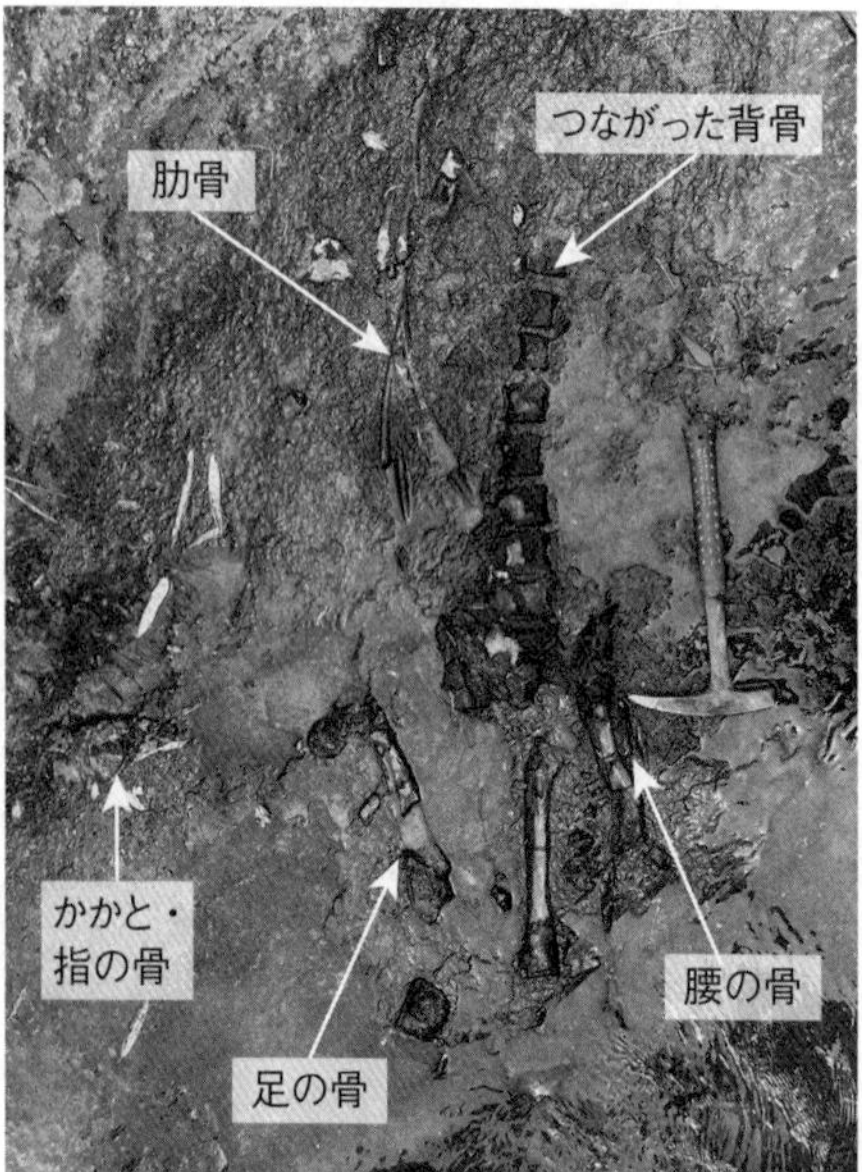

写真9-1　パレオパラドキシア瑞浪釜戸標本発見時の様子。写真提供：瑞浪市化石博物館

よいクジラ化石が見つかっていた。また、二〇二〇年には道路工事現場から鰭脚類《ききゃくるい》（アシカの仲間）のとてもきれいな頭骨化石が発見されたりしていた。そのため、瑞浪市から化石が見つかることにある意味で慣れてしまっていて、今回の発見のすごさにすぐに気づかなかった。しかし、その後に瑞浪市によってどんどんと更新されていく画像や動画を見ていると、その化石がとんでもなくすごいことがわかってきた。この化石は束柱類《そくちゅうるい》と呼ばれる哺乳類に含まれるグループのもので、「奇獣」とか「珍獣」とか呼ばれることが多く、一般的な哺乳類と比べると常識から外れた奇妙な特徴を多く持つ動物だ。本章では、この束柱類の謎に迫りながら、ぼくたちがこの奇獣の化石をどのようにデジタルデータ化していったのか見ていきたい。

束柱類との出合いは北海道から

二〇一〇年の六月一六日、ぼくは北海道北西部羽幌《はぼろ》町の山奥を流れる築別《ちくべつ》川の河原を歩いていた。この地域には白亜紀の頃に海底に堆積した地層が広く分布していて、そこからは世界的にも保存状態のよいアンモナイトが多く見つかる。それ以前も、この地域をよく歩いて化石発掘や地質調査をしていたのだが、この日は少しだけ歩く場所を変えてみることにした。というのも、いつも歩いていたのは白亜紀の地層が広がっているところだったのだが、ここからは大型の脊椎動物化石を見つけるのはなかなか難しそうだと思ったからである。アンモナイトももちろん面白いのだが、やはり自分で何か脊椎動物化石を見つけてみたかったのだ。

恐竜の化石を見つけたければ、迷うことなく前年と同様に白亜紀の地層が分布しているところを調査しなければいけない。しかし、当時のぼくは、むしろ哺乳類の化石を探したいという衝動に駆られていた。鯨類やもしかすると束柱類が見つかるかもしれない……。そこでこの年は、白亜紀よりも新しい時代、新生代の地層が分布するところを調査しようと思ったのだ。

日本は大陸とは違い、地表の多くが植生に覆われていて、新鮮な露頭（植物や土などで覆われていない、地層などがむき出しになった場所）は少ない。地層が直《じか》に見えないと調査自体が成り立たないので、日本での地質調査は露頭が多く存在するところをメインに行うことになるが、それは海岸だったり河原、沢だったりする。海の波や川の流れによって崖が削ら

写真9-2　北海道北西部羽幌地域での調査の様子

れ、新鮮な地層が露《あら》わになっているからだ。

この日は、ぼくとは別の目的を持った大学の後輩と一緒に調査をしていたが、彼はひたすら地層を観察し、地層の織りなす細かな構造を読み取るのに必死だった（写真9-2）。彼の目的は地層に残されている細かな情報を丁寧に集め、そこからその地層ができた当時の海底の環境を明らかにしようというものだった。一方のぼくは地層の観察はそこそこに、ひたすら化石が落ちていないか、埋まっていないか、キョロキョロと落ち着きなく辺りを見回しながら歩き続けていた。

その日は、曇天《どんてん》で野外調査にはもってこ

いの空模様。日光が容赦なく水面に差しているような日だと、水に浸かっている河床などの状況が見えにくい。しかし、こういう絶妙な天気のもとでは、心ゆくまで川の中を観察できるのだ。

河原の石の発見

この日の午前中は大した成果はなかったが、山の空気はのどかで時間がゆっくりと過ぎているようだった。後輩は、地層に埋まっている二枚貝の断面を観察し、また次のポイントへ移動していく。次の行き先を見定めるためか、彼はやや高くなっているところで辺りの地形を見渡し始めた。ぼくはそんな彼をチラッと見た後、何気なく彼の足もとに視線を下げた。すると、彼の足が置かれている石がただの石ではないように感じたのである。

そこでよく観察しようと思い、彼の方へ近づいた。するとその石には、明らかに骨化石が含まれていた。その石の長径はおよそ二〇センチメートル。水に濡れて黒光りしているその表面に、ややざらざらとした暗褐色の部分が見える（写真9－3）。それが正に骨化石の部分だったのだ。二つ以上の骨が含まれているのはすぐにわかった。しかもやや大型の

写真9-3 発見直後のパレオパラドキシアの化石。石の表面の盛り上がったところが骨化石

動物のようだ。

この石が見つかった地点に分布する地層は、新第三紀中新世という時代に海底でできたものだ。この時代の海に生息していた、これほど大きな動物は限られる。鯨類、鰭脚類、あるいは束柱類か。

ともかく野外ではこれ以上どうすることもできないので、化石をリュックサックに詰め込み、引き続き調査を続行した。残念ながらこの日はこれ以上の化石は見つからなかったが、この日の午後の足取りはとても軽かった。

その後の研究により、この石に含まれていたのは束柱類パレオパラドキシアの右上腕骨、肩甲骨、肋骨の一部であることがわかった。しかも、パレオパラドキシアとしては最も古い時代（約二三〇〇万～二〇〇〇万年前）からの産出であった。世界最古のパレオパラドキシアを見つけたということになるが、これがぼくと束柱類、パレオパラドキシアとの出合いだった。

束柱類とは

そもそも束柱類とは、いったいどのような動物だったのだろうか。この動物を語るうえで、歯は外せない。彼らの臼歯《きゅうし》は非常に特徴的で、柱を束ねたような歯とよく表現される（写真9－4）。そして、それがそのまま束柱類という分類名の由来にもなっている。ちなみに束柱類は Desmostylia の訳で、この代表的な動物がデスモスチルス *Desmostylus* だ（写真9－5）。この名前はギリシャ語のデスモス（束ねられた）とスチロス（柱）とを合成したものだ。

また、現在ではこの動物は絶滅しているため、その容姿や生態などの実体に迫ることが非常に難しい。従来、束柱類は系統的にはアフリカ獣類に属し、ジュゴンやマナティなどの海牛《かいぎゅう》類やゾウなどの長鼻《ちょうび》類に近いとされてきている。ところが近年、新たに系統解析を行った研究によって、奇蹄《きてい》類（ウマやバクなど）に近いという結果も出ており、系統に関す

写真9-4 束柱類デスモスチルスの臼歯(レプリカ)。岐阜県博物館蔵

写真9-5 サハリンで発見されたデスモスチルスの全身骨格(レプリカ)。岐阜県博物館蔵

る議論はいまだに決着がついていない。

束柱類の化石は、日本列島や北米大陸など北太平洋沿岸地域から多く見つかっており、特に日本は質量ともに束柱類の名産地といえる。束柱類の発見は一八八八年にまで遡《さかのぼ》り、最初の報告は臼歯の欠片《かけら》であった。その後一八九八（明治三一）年に、岐阜県瑞浪市からデスモスチルスの頭骨が発見され、一九〇二年に世界で初めて報告された（写真9－6）。ちなみに当時、この謎の動物化石の発見は大きなニュースとなり、それがきっかけとなって、我が国の化石や地学などへの啓発が進んだともいわれている。

そして、一九三三年には当時日本領であったサハリンの敷香《しすか》町気屯《けとん》から世界で初めてデスモスチルスの全身骨格が発見された（写真9－5）。こうした資料が増えるにつれ、この奇妙な歯を持つ絶滅動物の姿が少しずつ明らかになっていった。

ところで今までに、この生物の様々な復元姿が示されている。当初は鰭脚類（アザラシやセイウチなど）のような姿で描かれることもあったが、今ではその容姿はカバのようだったろうと推定されている（図9－1）。

束柱類の中での系統関係についても議論は絶えないが、束柱類は大きくパレオパラドキ

写真9-6　1898年に岐阜県瑞浪市で見つかったデスモスチルスの頭骨（レプリカ）。下の鏡に歯の様子が映っている。岐阜県博物館蔵

図9-1　パレオパラドキシアの復元図　©新村龍也・足寄動物化石博物館

シア類とデスモスチルス類に分けることができる。前者がより原始的で、後者は進化的だ。パレオパラドキシア類を見ると、アーケオパラドキシア、パレオパラドキシア、ネオパラドキシアの順に分岐したといわれている。パレオパラドキシアは北太平洋の東西両沿岸から見つかっているが、アーケオパラドキシアとネオパラドキシアに関しては、今のところ北米大陸からのみの報告にとどまっている。

日本のパレオパラドキシアに関しては一九二三年、臼歯の化石が佐渡《さど》から発見されている。その後一九五〇年に、岐阜県土岐《とき》市から全身骨格が発見され、この標本は保存状態が最もよいパレオパラドキシアとして世界的に知られている（写真9－7）。またこのパレオパラドキシアは、束柱類としてはサハリンの例に続く世界で二体目の全身骨格でもある。

一九七〇年代以降は埼玉、福島、山形、岡山、群馬と日本中からの産出が相次いだ。埼玉県の秩父《ちちぶ》盆地からはかなりの数のパレオパラドキシア化石が見つかっていて、国の天然記念物にも指定されている。

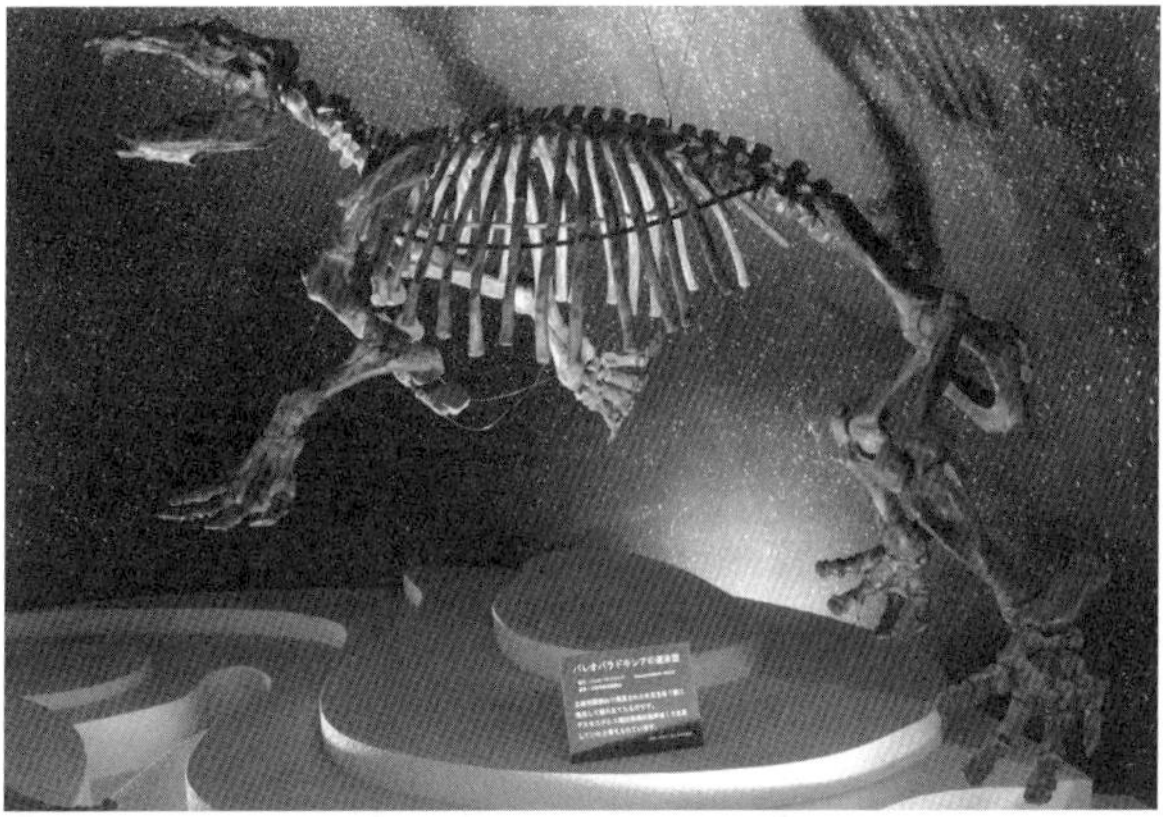

写真9-7　1950年に岐阜県土岐市で発見されたパレオパラドキシアの全身骨格（レプリカ）。岐阜県博物館蔵

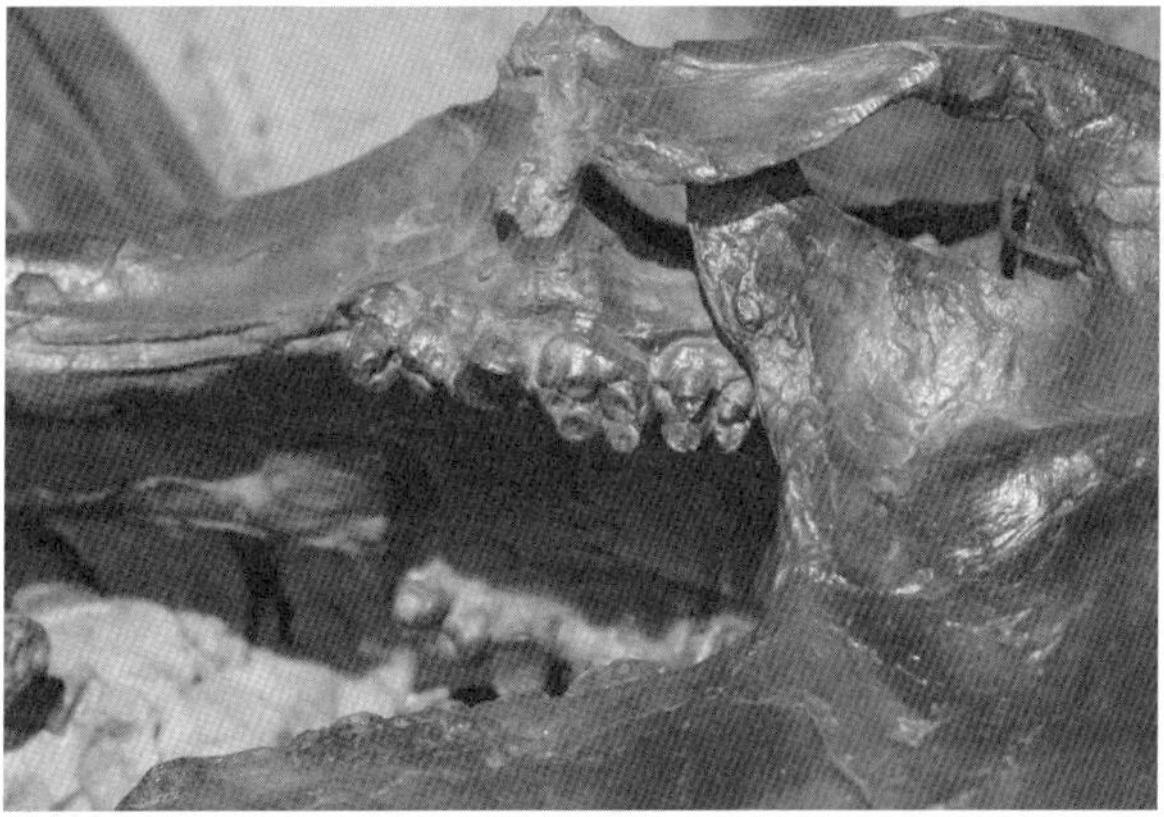

写真9-8　パレオパラドキシアの臼歯（レプリカ）。岐阜県博物館蔵

デスモスチルスとパレオパラドキシアの違い

骨格を一見すると、デスモスチルスもパレオパラドキシアも同じ動物に思えるかもしれない。しかしパレオパラドキシアの歯の高さはデスモスチルスよりも低く、咬頭（ヒトの臼歯でいうと咬みあう面のこぶ）の形などが大きく異なっている（写真9－8）。

頭骨の形もよく見るとかなり両者では異なっている。デスモスチルスの頭頂部は幅広なのに対してパレオパラドキシアは狭い。頭骨にある頬骨弓《きょうこつきゅう》（眼窩の外側から耳穴まで続く橋のような形の骨の部分）は前者では太く直線的なのに対し、後者では華奢で湾曲している。こういった形質は、咀嚼という機能と大きく関わるため、両者の食性はかなり異なっていたと推察できる。

骨内部の構造を見ると、デスモスチルスの方がパレオパラドキシア類よりも骨密度が小さく、骨の断面を見てみると、よりスポンジ状構造が目立つ。基本的に、束柱類の骨は水中での生活に向いたものであることはよく知られているが、その中でもデスモスチルス類は外洋まで遊泳していた動物なのかもしれない。

束柱類の生きていた時代

束柱類はおよそ中新世（約二三〇〇万〜五三〇万年前まで）という時代に生きていた。この前の時代である漸新世と中新世の間には大きな環境変動があった。中新世に入り、それまでの温暖で変化に乏しい気候から、寒冷な時期が次第に増えはじめたのだ。といっても、中新世は新第三紀の中では最も温暖な時代ではあった。中新世の初め頃はまだ日本列島は、大陸とつながっていた。これが二〇〇〇万〜一五〇〇万年前頃になると大陸東部が裂けはじめ、日本列島となる原型が太平洋側に移動していき、その裂け目に日本海が広がりはじめる。中新世といえば、そのような時代で日本列島の原型はありながらも、そこかしこに海が広がり多島海化していて、今の列島の多くの地域がまだ海の底であった。中新世には、現代型の哺乳類が多く見られるようになり、例えば日本およびその周辺海域ではゾウ、サイ、バク、ウマ、シカ、イルカ、ジュゴン、トド、アシカなどの祖先が生息していた。そのようなメンツの中に、束柱類もいたのだ。

瑞浪市は化石の宝庫

話を瑞浪市に戻そう。瑞浪市周辺には瑞浪層群と呼ばれる地層が分布している。この地層は約二〇〇〇万〜一五〇〇万年前の前・中期の中新世に湖や海の底でできたものだ。前述のように、瑞浪市からは世界で初めてデスモスチルスの頭骨が見つかっている。また、瑞浪市の西隣の土岐市からはパレオパラドキシアの全身骨格が発見されている。瑞浪市周辺はまさに束柱類ワールドだ。

もう少し詳しく見てみると、二〇〇〇万〜一八〇〇万年前、現在の可児《かに》市や瑞浪市、恵《え》那《な》市周辺には大きな湖があった。この周辺にはメタセコイヤなどの森林が広がっていて、陸上にはゾウなども生息していた。一八〇〇万〜一七〇〇万年前くらいになると、瑞浪市や恵那市周辺に海が浸入しはじめ、浅い海が広がっていた。この時にできた地層からはビカリアと呼ばれる巻き貝が多く見つかっていて、これは瑞浪市を代表する化石の一つだ。その後、さらに海進が進み、クジラが生息する環境になってきた。また一六〇〇万年前頃には海岸にマングローブが生育し、サンゴも住んでいるくらい暖かい環境になっていた。冬でも水温が二〇度を超えるような熱帯環境だったようだ。このような環境に瑞浪市から見つかったパレオパラドキシアたちは生息していた。

新パレオパラドキシア標本

さて、二〇二二年に見つかったパレオパラドキシアに迫っていきたい。この化石は見つかった場所にちなみ瑞浪釜戸《かまど》標本と呼ばれるようになった。この釜戸標本が見つかった地層の年代は約一六五〇万年前で、前述のようにとても暖かい環境で生活していたようだ。

釜戸標本は二〇二二年六月五日に見つかった。朝九時頃に瑞浪市化石博物館にもたらされた、河原で骨化石のようなものが見つかったとの連絡が、化石発見の最初の情報だ。学芸員の安藤さんはすぐに現地に赴き、化石の状態を確認。もしかしたら全身骨格がまだ埋まっているかもしれないと思い、六月一〇日に急遽大規模発掘をすることになった。驚くべきことに、化石が埋まっている周辺の岩石ごと、長さ約二メートル、重さ約一・五トンのとても大きな岩塊として午後二時半には掘り出してしまったとのこと（写真9－9）。予算の確保から重機や人手の準備まで考えると、この発見から発掘までのスピード感はとてつもないもので、安藤さんの手際のよさと瑞浪市の対応の柔軟さが垣間見られる。これが県庁レベルの仕事だったら、このような短期間での発掘は不可能だっただろう。

その後、岩塊は瑞浪市化石博物館に運ばれ、骨化石を岩石から取り出すクリーニング作業が進められることになるが、まずは骨を覆っている石を削り取っていった。その結果、八月にはどのような化石が埋まっていたのかその全貌が見えてきた。クリーニング作業や調査の様子は、随時瑞浪市がSNSなどで発信し続けていたのだが、この時期からぼくはこの釜戸標本から目を離せなくなってきていた。鼻の先から尻尾の細かな骨まで、ほぼ全身の骨が残されている！　しかも骨同士が生きていた時の位置関係を保ったままの状態で。

一〇月に入ると、釜戸標本復元プロジェクトとして、最終的にレプリカを製作し博物館展示を行うことを目指したクラウドファンディングが開始された。このクラウドファンディングの発表がなぜかぼくの心のスイッチを押した。もう居ても立ってもいられなくなったぼくは一〇月七日に安藤さんにメールした。「パレオパラドキシアすごいなぁと当初から思ってみていたのですが、ふとぜひ3Dスキャンできたらよいのではと思いメールいたしました。クリーニングの各段階で三次元データをとっておけば、研究面だけでなく展示面でも非常に有用だと思います…（略）…よいレーザースキャナーを持っているので定期的

写真9-9　釜戸標本が河床から掘り出されている時の様子。写真提供：瑞浪市化石博物館

にスキャンもできるかなと思った次第です」。こういうわけで、ぼくも釜戸標本の研究プロジェクトに加えさせてもらうことになったのだ。

初めての対面

レーザースキャナーを持って、一〇月一三日にぼくの研究室出身の学生さんとともに瑞浪市化石博物館へ向かった。一人ではなかなか処理しきれないような作業になると思ったためだ。この博物館には、本章冒頭で触れたクジラ化石の展示を見に行って以来、四年ぶりの訪問だった。釜戸標本は、腹を上向きにして海底に沈んだ状態で化石になっていた。そのため、上の方から石を削っていくということは、お腹まわりの石を削っていることになる。一〇月一三日の段階では、ほとんどの骨はまだ岩石から取り出されていなかったが、肋骨や背骨のお腹側もすべて見えるまでにクリーニングが進んでいた（写真9-10）。ちなみに、全身のほとんどの骨がきれいに残っているが、前肢の骨は見つかっていない。軟体魚や硬骨魚《こうこつ》を除く脊椎動物では、肩は体幹にそこまでしっかりとひっついているわけではない。前肢はほとんど肩の肉で体にぶら下がっているようなものなので、動物の死後から化石化の過程でとれてなくなってしまうことが多い。このパレオパラドキシアは死後に海に流され、ガスが溜まったお腹のせいでぷかぷかと波間を漂っていた間に前肢がとれてしまったのかもしれない。この状態が垣間見られる化石の状態をまずハンディタイプのレーザースキャナーでスキャンした（図9-2）。

その後、クリーニング作業が進み、右側の肋骨の多くが取り除かれ、また頭部周辺の岩石もかなり削り込まれていた。これにより、大きく曲がった頚部の先にある頭部の様子がよく見えるようになった。そして同様に一一月に再度スキャンした。さらにクリーニングは進み、岩塊からほとんどの骨を取り出すことができたので、二〇二三年七月に一つ一つ

写真9-10　2022年10月13日の釜戸標本の様子。写真提供：瑞浪市化石博物館

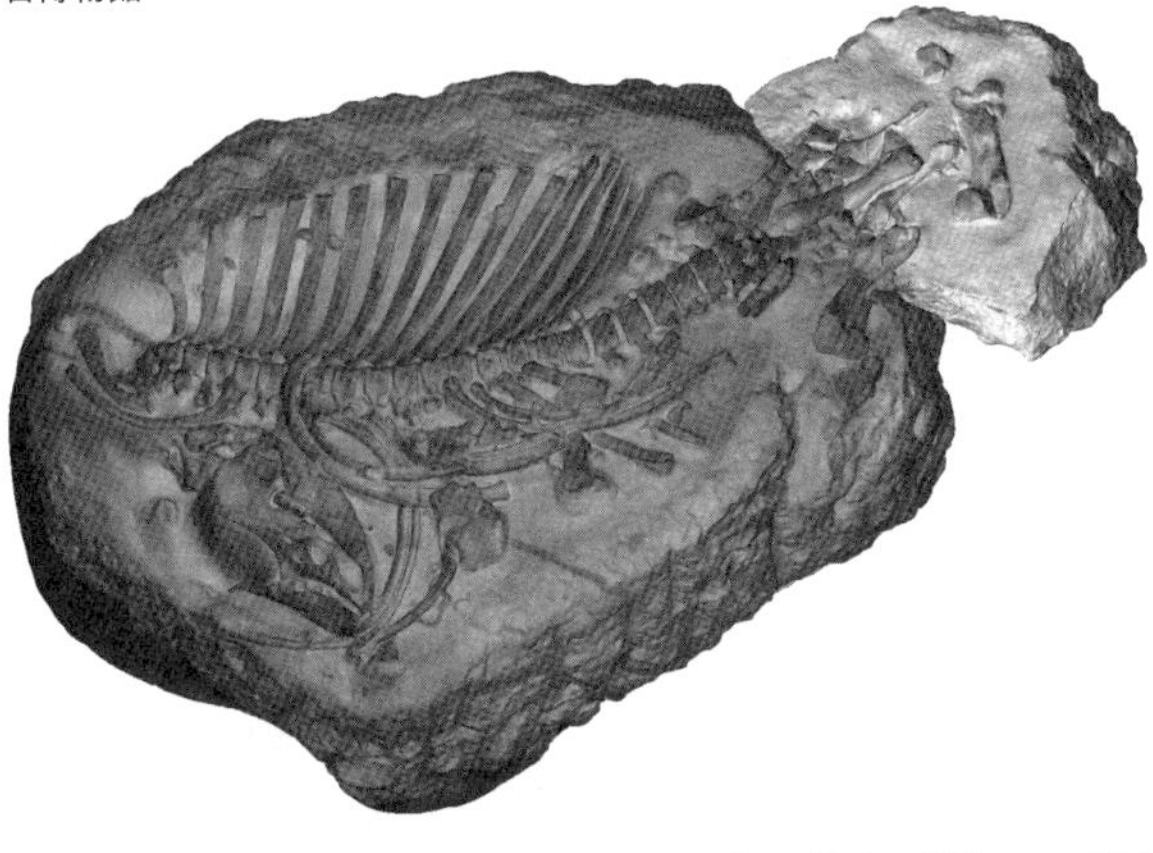

図9-2　レーザースキャンから作られた2022年10月時の標本の3Dデジタルモデル。写真提供：瑞浪市化石博物館

の骨をスキャンした。これで、クリーニング作業によってどのような過程を経て化石標本が変化していったのか記録することができた。

内部構造を見る

今回の研究では、レーザースキャンだけではなくCTスキャンもあわせて行った。既に述べた通り、CTスキャンを行えば、クリーニング前であっても岩石中にどのように化石が埋まっているかもわかるし、化石の内部構造についても観察できるようになるからだ。福井大学医学部先進イメージングセンターにある医療用CTスキャナーを用いて、二〇二三年五月にスキャンを実施した。この時は頭骨と頚骨《けいこつ》がつながったもの、胸まわりの椎骨《ついこつ》が連なったもの、腰まわりの骨と椎骨が連なったもの、右後肢の足首あたりより先がまとまって岩石に埋まっているものの四つの岩塊をスキャンしたが、いずれも数十センチメートルを超えるような大きさで、重量もかなりのものだ。また、釜戸標本は一見すると脆そうな印象を受けないが、実はかなり繊細だ。河床からの取り出し後、どんどん乾燥化が進み、それにより化石に負担がかかってきており、少し力をかけるだけでも割れてしまうよ

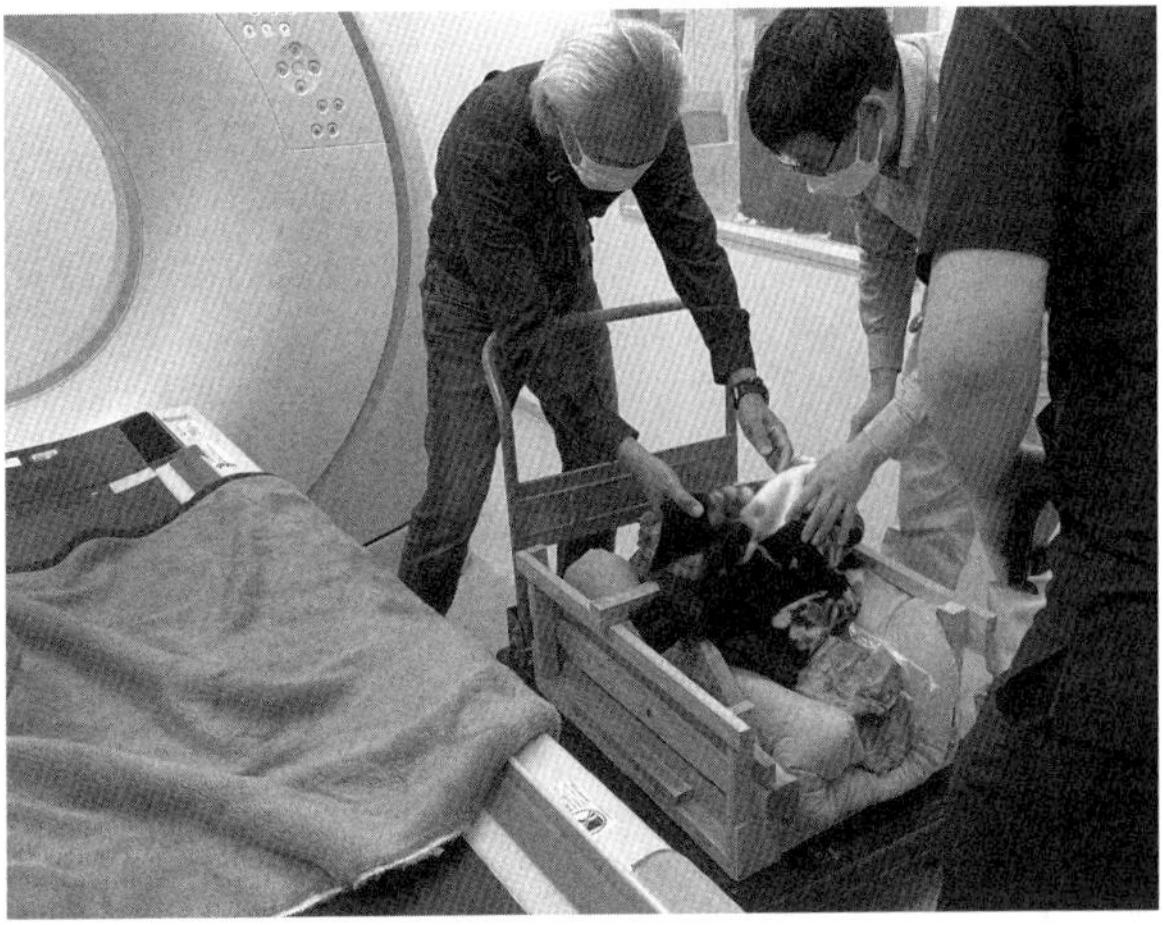

写真9-11　CTスキャナーの横まで標本を運んできた時の様子

うな状態だ。そのため、これらの岩塊は毛布でぐるぐる巻きにされ、さらに特製の木枠でがっしりと固められた状態で安藤さんらの手によって福井まで運ばれてきた（**写真9-11**）。

少し動かすだけでもかなりの緊張感だ。第一関門は車から降ろすところ。それをクリアすれば搬入口からCT室まで運び、そしてCTスキャナーのベッドにサンプルを持ち上げて設置する。幸い、医療用のCTスキャナーは設置さえできてしまえば、ベッドがスムーズに動いてくれるので、トラブルが起こる心配は少ない。設置まで順調に行えたからといって、CTスキャンがうまくいくとは限らない。岩石や化石の大きさや成分によって、X線がうまく透過せず、あまり役に立たないCT画像しか得られないということはざらにある。これまで何度も惜しい思いをしてきているので、ぼくは化石のCTスキャンの前には全く期待をせず、むしろどうせうまくいかないだろうというくらいの気持ちで挑むようにしている。裏切られた時のショックが大きいからだ。でも、今回はうまくいってくれという気持ちもひっそりと心に秘めている。さて、釜戸標本はどうか。

驚くことに、現在の動物のCTスキャンをしているかのように、明瞭なCT画像がディスプレイ上に広がりはじめた。化石とCTスキャナーの相性は抜群だったようだ。よく見ると、鼻の穴の奥の方にあるとても薄い骨でできている鼻甲介《びこうかい》という構造まで見える。一千数百万年前の化石でこのような繊細な構造が保存されていることもすごいが、この構造をしっかりとCTスキャンで捉えられたことも驚きだった。脳が収まっている空洞もきれいに見えるので、きっとパレオパラドキシアの脳の研究も進めていくことができるだろう（図9－3）。体幹や後肢のスキャンもうまくいった（図9－4）。こんなによい結果が得られるとは思っていなかったので、その場にいた全員が高揚していた。

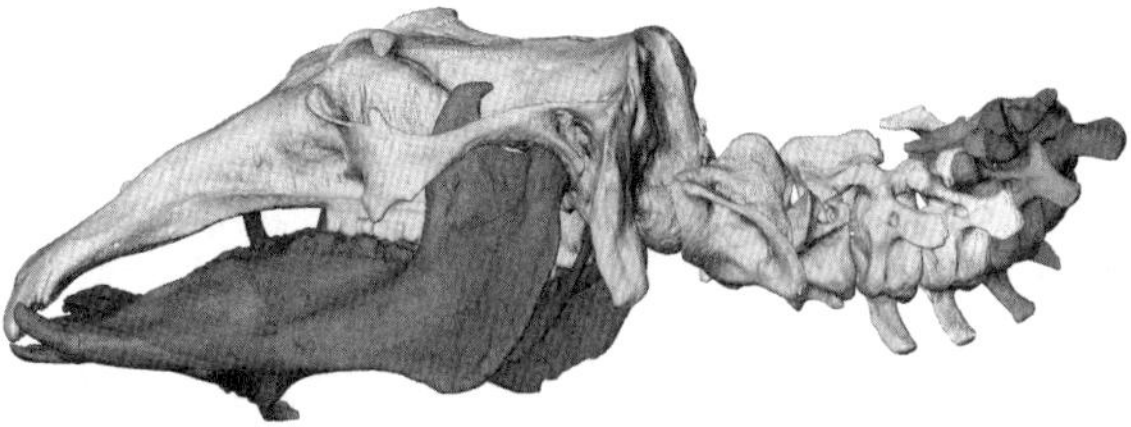

図9-3　CTスキャンデータから作られた頭頸部の3Dデジタルモデル
写真提供：瑞浪市化石博物館

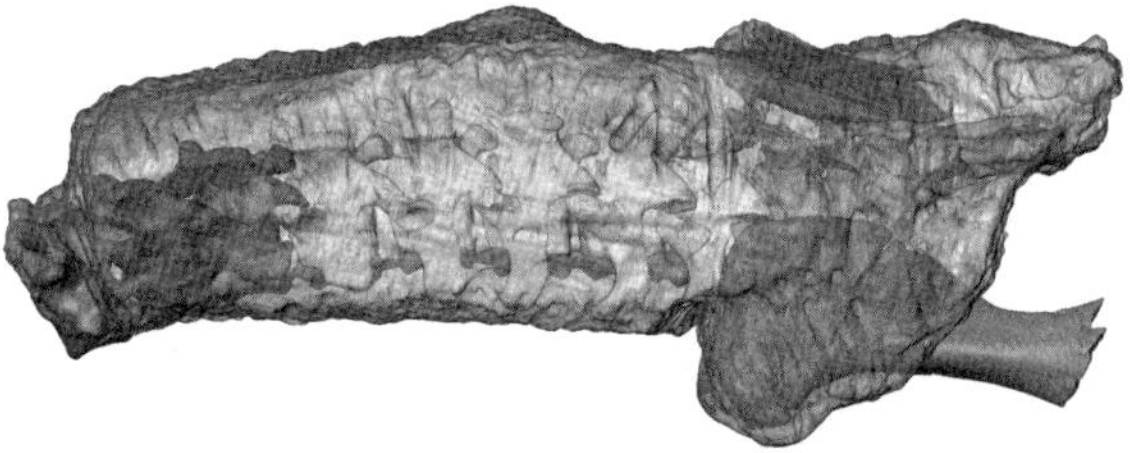

図9-4　CTスキャンデータから作られた腰部の3Dデジタルモデル
写真提供：瑞浪市化石博物館

このCTスキャンによって、岩石の中にどのように骨が収まっているか、パレオパラドキシア以外の動物の化石が含まれていないかといった情報を手にすることができた。そのため、この後のクリーニング作業が随分と楽になったとのことだった。中から何が出るかわからない状態で岩石を削っていくよりも、予想を立てられている方が精神的にもだいぶ楽になる。CTスキャンにはこのようなメリットもあるのだ。

全身骨格をデジタルで復元

さて、レーザースキャンとCTスキャンによって釜戸標本のすべての骨を3Dデジタルデータ化することができた。これだけでも、博物館資料としての意義は高い。このようなデータを用いることで、誰でも気軽により効率的に標本を観察できるようになる。これは専門家だけでなく、一般の人々にとっても役立つものだろう。また、資料保存という観点からも3Dデジタルデータは実物標本を補うものとして非常に重要な位置づけとなってきている。さらに、デジタルデータの操作性の高さは骨格の復元にも役立つ。実際の貴重かつ壊れやすい骨化石をがちゃがちゃいじって全身の骨格を組み上げるようなことはとても

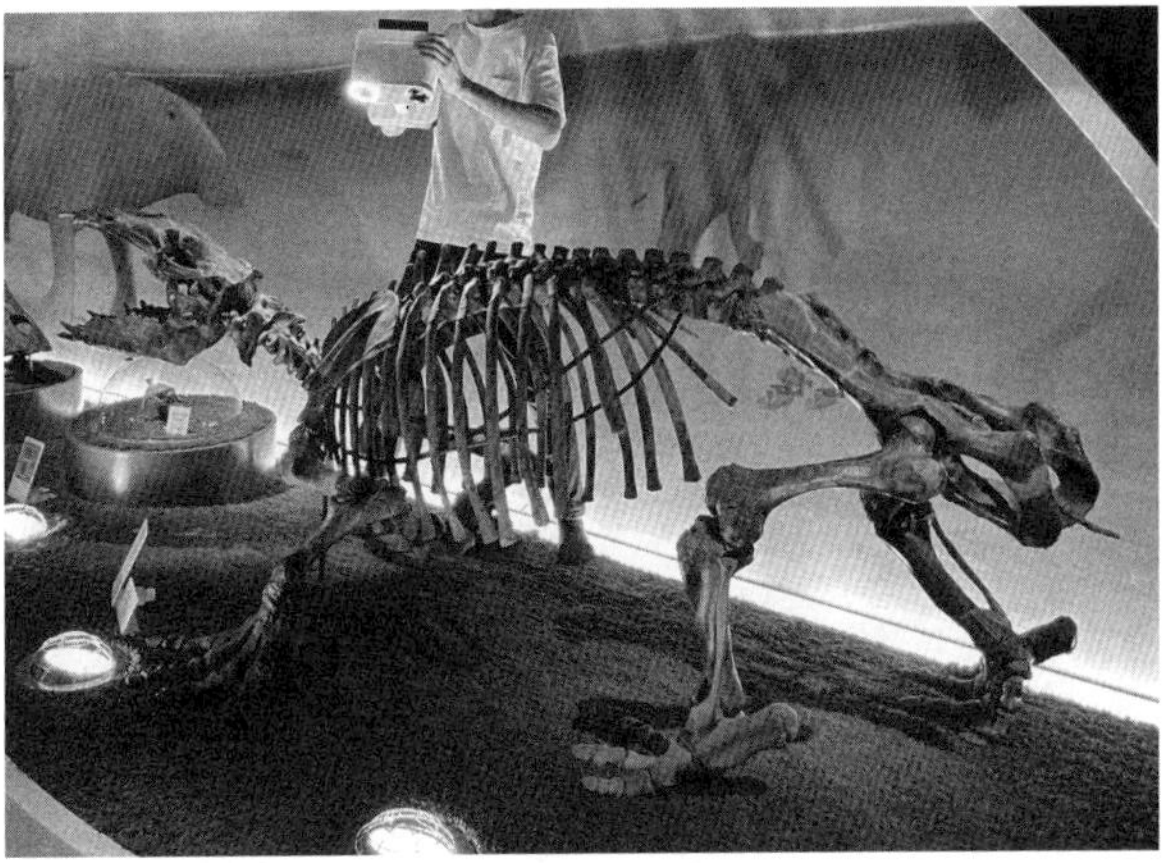

写真9-12　土岐市産標本を瑞浪市化石博物館でレーザースキャンをしている様子

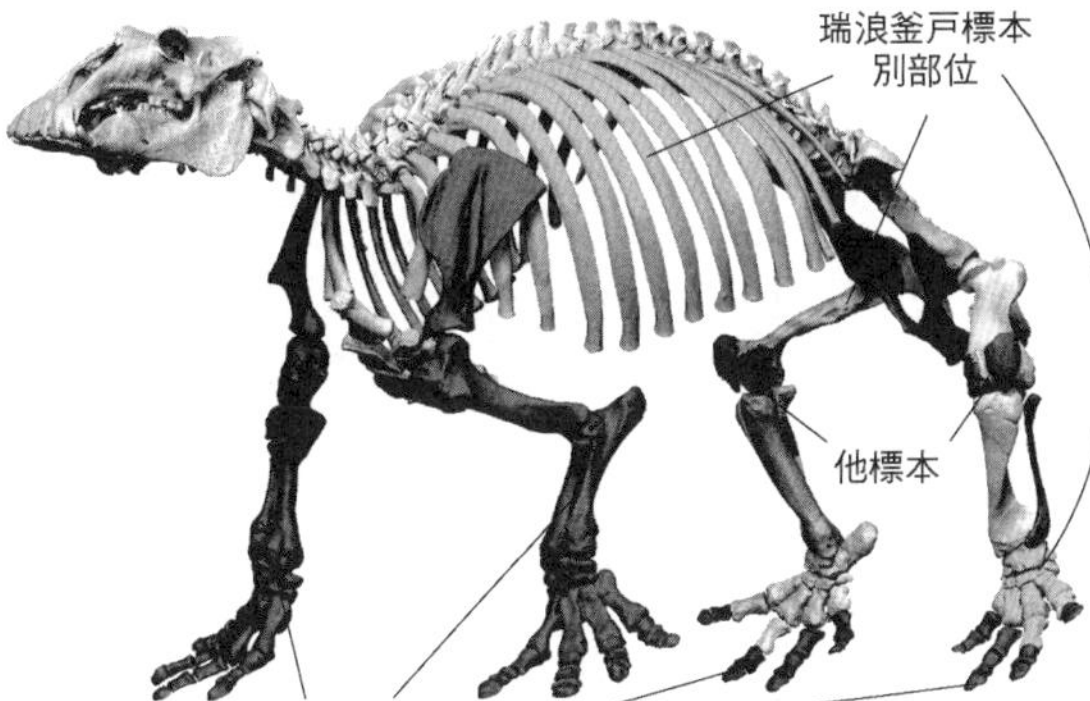

図9-5　釜戸標本の3Dデジタル復元骨格モデル
瑞浪釜戸標本オリジナル部位以外に、同標本の状態のよい別部位を反転させたり、土岐市産標本や他標本を用いて作製。写真提供：瑞浪市化石博物館

できない。普通はレプリカを作製して、それを実際に空間に配置することで例えば博物館に展示されているような組み上げ全身骨格標本が作られる。しかし3Dデジタルデータがあれば、バーチャル空間で「あぁでもない」「こうでもない」と様々な骨の配置を試すことができ、より効果的に標本の全身骨格復元ができるようになる。そこで、今回は足寄動《あしょろ》物化石博物館の学芸員、新村龍也《しんむらたつや》さんがデジタル上で釜戸標本の全身骨格を組み上げてくれた。新村さんは、3Dモデリングソフトを巧みに使い様々な古生物の3Dデジタル復元（古生物が生きていた頃の姿を再現すること）を行ってきている。復元には当然骨格の情報が必要で、結果として新村さんは多くの古生物の骨格もデジタルで組み上げてきている。

釜戸標本の全身骨格を組み上げるにあたり、頭部右側は一部が欠損していたので、左側を複製・反転させることで補完した。肋骨は右側の保存状態がよく、また後肢も右側の方がデータの質がよかったことから、左側は右側のものを複製・反転させて組んだ。他に見つかっていない部位については、先にも登場した岐阜県土岐市から見つかったパレオパラドキシアの全身骨格模型のデータを参考にして（写真9－12）、最終的に釜戸標本の全身骨格を復元した（図9－5）。今後はこのデータをもとに、実際に3Dプリンターなどを使って造形したものを組み上げ、博物館展示されることだろう。

博物館でのデジタルデータの今後

パレオパラドキシア瑞浪釜戸標本を通して、博物館にある資料をデジタル化することは、様々な場において役立っていくことが見えてきた。さて、二〇二二年には、博物館法の一部改正がされ「博物館資料に係る電磁的記録を作成し、公開すること」が条文に加えられた。このようなデジタルデータを蓄積し公開していくことの重要性が博物館法でも言われるような時代になっているのだ。今後はより一層、化石などの博物館標本の3Dデジタルデータ化は多くの状況で求められてくるのだろう。

しかし何よりの課題は、デジタル化の第一歩にはコストがかかるということだ。レーザースキャナーや3Dプリンターの価格は劇的に下がってきていて、これらは比較的容易に購入することも可能だろう。しかし、今回ぼくが用いたものはかなり便利がゆえに一般的な普通乗用車一台分以上の値段がする。比較的大きな資料をスキャンできるようなCTスキャナーは億単位の金額なので、博物館などが自前で導入するということは多くの場合現実的ではない。よく忘れがちだが、人件費を考えるとこれもばかにならない。釜戸標本のスキャンからパソコンでの作業時間などを合わせると、数十時間は優に超える。県立規模の博物館ですら、年間の資料購入費が数十万円しかないということはよくある話だが、このような状況では本格的な資料のデジタル化に踏み切ることには抵抗があるだろう。

大学や博物館などの資料は市民にとっての貴重な財産である。それは、その資料を管理する団体や自治体だけのものではなく、広く言えば全人類共有の財産だ。だからこそ、組織や立場などの枠を超えてこれを適切に保管し活用していくという意識を持つことが重要だろう。本来ならばしかるべきところがしかるべき財源を確保すべきであるが、それも難しい昨今ではクラウドファンディングでお金を募るという方法は、博物館などにとっても無視できないものだろう。ただし、巷でよく見るクラウドファンディングは、金額を確保できたとしてもそのうちの数割は運営会社に持っていかれるし、本来は寄付金であるはずの行為に、リターンというお金も時間も莫大にかかるコストを背負ってしまう。なので、この方法が最良の選択肢であるとは決して思わない。では何ができるんだと問われると、答えに窮してしまうが、少なくとも一つの組織だけですべてを行おうとするのではなく、組織などの垣根を超えた協同が重要であることは間違いない。デジタル化は、貴重な資料を守り活用していくために欠くことのできないものであり、その実現のためには多くの人たちの協力が不可欠だということを、この日本の古生物学史上でも有数の発見と言える瑞浪市のパレオパラドキシア化石から感じてもらえればとてもうれしく思う。

あとがき

本書では主に、ぼくや職場の同僚がこれまで実際に取り組んできたデジタル技術を用いた恐竜やその他の古生物研究の事例を紹介した。ＣＴスキャンやＭＲＩ、フォトグラメトリ、３Ｄプリンター、理論モデルやコンピューターシミュレーションなどの技術を用いることで、石の中に含まれている化石を透視できたり、恐竜などの脳といった体の内部構造をより詳細に明らかにできたりするだけでなく、それを様々な方法で鮮やかに表現、具現化できるようになった。ただ、本書で見てきた事例はデジタル技術を用いた古生物研究のほんの一端に過ぎない。他にもここでは書ききれなかったような面白い利用方法や成果が世界中から報告されている。さらにデジタル化された化石の情報をもとに、筋肉などの組織を復元しコンピューターシミュレーションすることで、恐竜の走行速度や飛行能力、咬合力などの能力を推定し、それを仮想的に検証することでさらに研究が発展し、ぼくたちは在りし日の古生物たちの生き様をより鮮明に頭の中に描くことができるようになってきている。このような今日のデジタル技術は、恐竜などの古生物の姿や生活をよりリアルに、より多角的に捉えることに役立ち、ぼくたちの恐竜への理解をより深めるための強力なツールとなっている。

実は、本書で紹介したいずれの事例も、はじめからデジタル技術を使ってみようと思って研究を始めたわけではなかった。何かしら明らかにしたいこと、疑問に思っていたことが最初にあり、それを解明するためにどのような手段があり得るのか考えた時に、ちょうど選択肢としてこのようなデジタル技術が候補としてあがってきたという具合だ。研究の目的とそれに適した技術が出会った時に、意義のある恐竜研究につながるのだ。

しかしだからと言って、明確な目的がないとこのような技術を使えないということでは決してない。新しい技術はとりあえず使ってみないとそれによってどこまで何ができるのかわからないからだ。まずは未知のものでも遊んでみることで、その可能性や限界を自然と知ることができる。ぼくも、何か新しいデジタル技術やソフトウエアに触れる機会があるたびに、とにかく試してみることを心がけている。そうすることで、思いがけない発見やアイデアが生まれることがあるのだ。そんなことを書いているこの瞬間も、CTデータを処理するためのディープラーニング機能を備えた新しいソフトウエアを購入するかどうかで頭の中はいっぱいだ。数百万はするソフトだが、これを使えばあれもできるはず、これもできるはずと夢は広がる。あとは予算と時間さえ確保できればよいのだが……。

恐竜の研究というと、野外での発掘調査を真っ先にイメージすると思うが、発掘調査によって見つかった化石たちをどのように分析するのか、今では本当に多くの選択肢がある。この選択肢の中から、自分の研究目的に合致するものを適切に選ぶためにも、慣れ親しんだ技術だけでなく、日頃から最新の技術や知識に触れ、遊ぶことによって、素晴らしい化石に出会ういつの日かのために備えておく必要がある。それによって、今後ますます恐竜研究のデジタル化は進み、この分野を大いに発展させることはもちろん、これまで以上に恐竜研究の裾野を広げることができると期待している。

福井県立大学では二〇二五年度に新しく恐竜に特化した学部、「恐竜学部」を新設する計画を進めている。この新学部の立ち上げに今は全力を注いでいるところだが、この「恐竜学部」で学生さんたちは、福井県という立地を生かして発掘調査や地質学の基本を徹底的に学ぶことはもちろん、「デジタル恐竜学」も身につけることになる。大学では大型の化石も撮影できるような最新のCTスキャナーを導入予定だ。従来の古生物学とデジタル古生物学の二本柱の教育体制を考えているのだ。そのくらい、ぼくたちはこれからの古生物学にデジタル技術は欠かせないものであると強く認識していて、若い学生さんたちにもデジタル技術を大いに使ってもらい、その知識と技術をもって様々な世界に羽ばたいていってもらいたいと思っている。

さて最後になってしまったが、本書の執筆にあたって本文中に登場して頂いた皆さんには多大なるご協力を頂いた。また、ぼくが今こうして恐竜をはじめとした古生物の研究をし、本書の原稿を書けているのは、様々な場面で未熟なぼくをサポートしてくれた多くの皆さんのおかげだ。本来ならば、これまでにお世話になった皆さんの名前をあげたいところだが、本書に登場する研究に関係し本文中では明記することのできなかった方々に絞り感謝を伝えたい。古生物学のいろはを教えて下さり、学部、修士課程での指導教員であった岡本隆先生には本当にお世話になりっぱなしであった。第六章で突然、二枚貝やアンモナイトの話が始まるのは、アンモナイトをはじめとした軟体動物の理論形態学が専門である岡本先生の薫陶によるところが大きい。ぼくの職場である福井県立大学恐竜学研究所の西弘嗣さん、柴田正輝さん、今井拓哉さん、出山康代さん、また福井県立恐竜博物館も含む多くの職員の皆さんには日頃から研究活動を様々な面から支えてもらっている。また第五章のフクイプテリクスの研究は今井さんが主導した。福井県立恐竜博物館の宮田和周さんは恐竜博物館のCTスキャンの維持管理から様々な標本の撮影に尽力されていて、第一章と第五章で登場したCTデータは宮田さんが撮影したものだ。宮田さんの職人魂がなければここまでよいデータを得ることはできなかっただろう。国立科学博物館の對比地孝亘さんには、第七章でのCTスキャンだけでなく日頃の研究活動の相談といったことなどからもサポートしてもらった。化石研究にあたり比較検討のために多くの現生動物のデータも収集したが、これには山階鳥類研究所の山崎剛史さんや、足寄動物化石博物館の安藤達郎さん、国立科学博物館の倉持利明さん、岐阜県博物館の説田健一さん、西谷徹さんらの協力なしには行えなかった。CTスキャナーの利用だけでなく、発掘などの調査や標本管理など、博物館・研究機関の日頃からの活動によって、ぼくたちの研究活動は行うことができている。そして、ぼくと同郷の集英社インターナショナルの土屋ゆふさんには執筆の機会を与えてもらい、本書をよりよい方向へと終始導いてもらった。皆さんに心から感謝申し上げる。

河部壮一郎《かわべそういちろう》

古生物学者。福井県立大学恐竜学研究所准教授。福井県立恐竜博物館研究員。一九八五年、愛媛県生まれ。東京大学大学院理学系研究科博士課程修了。専門は脊椎動物の比較形態学。特に、鳥類を含む恐竜や哺乳類の脳形態について。

インターナショナル新書一三八

デジタル時代《じだい》の恐竜学《きょうりゅうがく》

二〇二四年四月一〇日 第一刷発行

著　者 河部壮一郎《かわべそういちろう》

発行者 岩瀬 朗

発行所 株式会社 集英社インターナショナル
〒一〇一-〇〇六四 東京都千代田区神田猿楽町一-五-一八
電話 〇三-五二一一-二六三〇

発売所 株式会社 集英社
〒一〇一-八〇五〇 東京都千代田区一ツ橋二-五-一〇
電話 〇三-三二三〇-六〇八〇(読者係)
〇三-三二三〇-六三九三(販売部)書店専用

装　幀 アルビレオ

印刷所 大日本印刷株式会社

製本所 加藤製本株式会社

 Printed in Japan ISBN978-4-7976-8138-3 C0245